袁家宁 刘杨 主编 龙昭颖 译

中国画报出版社 · 北京

图书在版编目（CIP）数据

全球品牌包装设计经典案例 / 袁家宁，刘杨主编；龙昭颖译. -- 北京：中国画报出版社，2022.3
ISBN 978-7-5146-1877-8

Ⅰ. ①全… Ⅱ. ①袁… ②刘… ③龙… Ⅲ. ①包装设计 Ⅳ. ①TB482

中国版本图书馆CIP数据核字(2020)第038598号

北京市版权局著作权合同登记号：图字01-2020-1136

全球品牌包装设计经典案例

袁家宁 刘杨 主编　　龙昭颖 译

出 版 人：于九涛
策　　划：迪赛纳图书
责任编辑：李　媛
责任印制：焦　洋
营销编辑：孙小雨

出版发行：中国画报出版社
地　　址：中国北京市海淀区车公庄西路33号　邮编：100048
发 行 部：010-88417438　010-68414683（传真）
总编室兼传真：010-88417359　版权部：010-88417359

开　　本：16开（880mm×1230mm）
印　　张：19
字　　数：100千字
版　　次：2022年3月第1版　2022年3月第1次印刷
印　　刷：北京汇瑞嘉合文化发展有限公司
书　　号：ISBN 978-7-5146-1877-8
定　　价：198.00元

Take Me Away Please !
带我走吧！

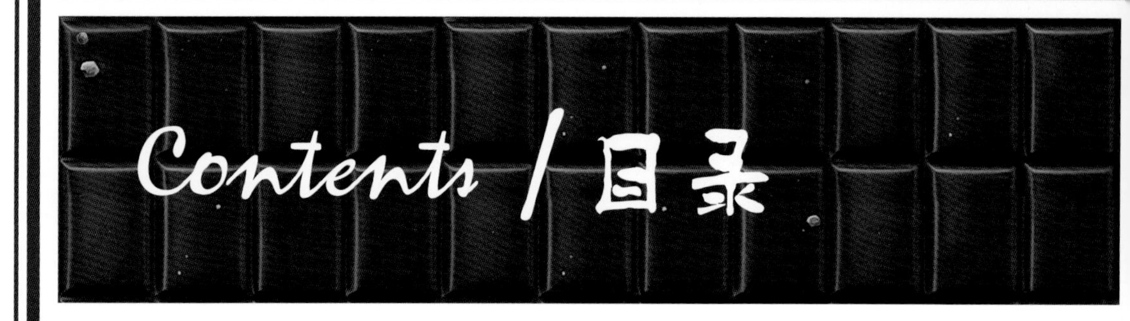
Contents / 目录

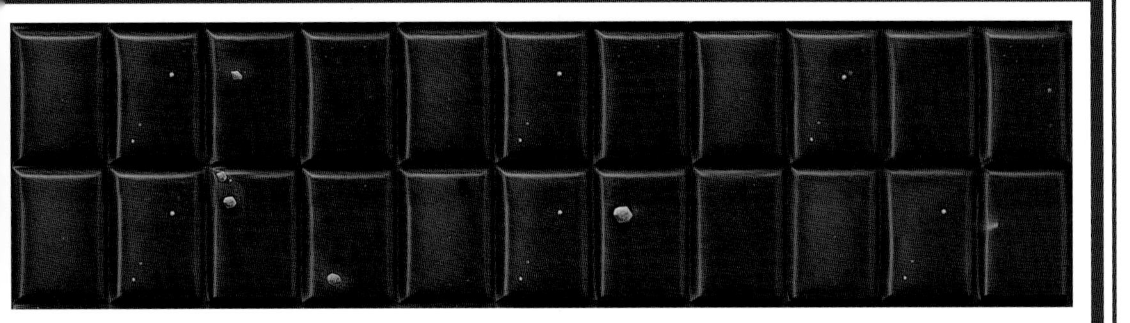

盛和创亿品牌设计机构

中国
166—173

盛和视觉作为盛和创亿品牌设计机构下的专业画册设计子品牌，是拥有雄厚设计实力的品牌服务机构。专注于企业宣传册、高端画册及书籍设计，拥有成熟的工作流程并提供一站式服务。

刘晓月

中国
174—187

刘晓月出生于中国大陆，2016 年毕业于纽约布鲁克林普瑞特艺术学院传播设计专业，获得 BFA 传播设计学位，并在纽约视觉艺术学院获得了计算机艺术硕士学位。现在，她是一名自由平面设计师和插画师，拥有丰富的创意项目经验，包括平面设计、包装、插画、 动态设计和 3D 动画。她能处理不同的艺术风格，喜欢超现实的艺术作品——惊悚的电影，恐怖可爱的角色，还有猫。

存在设计有限公司

中国
188—225

存在设计团队自成立以来，以“好伙伴、 好设计”为初衷，深入品牌、建立桥梁，提供全方位的规划，并借由设计专业，实现品牌的再造设计，赋予其新的形象与生命力以吸引消费者，建立品牌忠诚度，延展各品牌的专属特色与存在价值。

布兰迪皮特 (BrandPit)

乌克兰
226—235

布兰迪皮特是由安德烈 · 玛卡连柯（Andrey Malyarenko）和奥尔加 · 萨姆索奈蔻（Olga Samsonenko）于 2013 年创立的设计和品牌代理公司。公司在网络背景的前提下，完美融合了敏锐思维和细节化的品牌工艺。因为对创意的高标准，而更加注重品牌工艺的细节。最终，这些成为公司的核心原则，因为只有当设计的作品能促进销售时，才算完美的解决方案。这就是布兰迪皮特的融合思维：不多不少，恰到好处。

科米特工作室 (Comité Studio)

西班牙
236—249

科米特是一家位于巴塞罗那的设计和平面传播工作室，提供专业的企业形象、包装和艺术指导。工作室的目标是与客户和其他专家进行紧密合作，创建有效且极具吸引力的解决方案。鼓励跨领域的实践交流，这被认为是一种基本要求，激励每一个人在项目中突破极限。科米特是艾博恩 · 阿佩兹特圭亚 (Ibon Apezteguia) 和弗兰瑟斯克 · 莫拉塔 (Francesc Morata) 共同创建的，他们是富有激情的平面设计师，在设计领域经验丰富。

念相创意

中国
250—255

念相创意成立于 2013 年，是一家以“品牌商业形态塑造”为核心的综合品牌咨询机构。拥有专业的营销战略专家及专业的产品和品牌形象创意团队，国际设计经验丰富。我们精准洞察中国消费市场的美学潮流，从内而外抓住消费者心理，以此拓展品牌形象和企业核心精神。目前已服务了 100 多个国内外品牌方，覆盖了美妆、家护、食品、饮料、酒类等多个奢侈品及快消行业。念相创意秉持“无商业非创意，无创意非念相”的企业价值观，以“创意驱动生意”为使命，凭借独特的风格和一系列视觉展示让品牌在市场中独树一帜。

桑达工作室 (Studio Sonda)

克罗地亚
256—265

桑达是一家独立的设计与传播创意工作室，业务范围包括品牌概念与发展、传播和促销策略及活动、包装、网络及内容制作（版权、图片、艺术指导、插图、产品和品牌命名、数字互动内容和演示、装置、专业产品）。

遗失 & 寻找工作室 (Studio Lost & Found)

澳大利亚
266—271

遗失 & 寻找成立于 2008 年， 是一家由丹尼尔 · 麦克凯汀（Daniel McKeating）和丽贝卡 · 麦克凯汀（Rebecca McKeating）夫妻创办的创意工作室。专注于食品和饮料行业的品牌扩展和包装设计，并提供更具战略意义的设计方法。 作为一家小型代理机构，他们能够直接从业务负责人的角度为客户提供个性化服务。他们提供独特的战略和创造性服务，并以对食品和饮料行业的深刻理解为基础。他们了解行业所面临的独特挑战，遵循专业的流程，以确保采用一致的方法来应对。他们还具有包装生产过程的专业技术知识，并与包装供应商建立了良好的关系。为客户监督包装生产过程，从而节省了时间，降低了因错误而导致的风险，并确保生产的最大化。

赞贝利品牌设计 (Zambelli Brand Design)

克罗地亚
272—287

赞贝利品牌设计是一家为现有和新兴产品提供创意品牌解决方案的设计工作室。该公司的创意总监安雅 · 赞贝利 · 可拉克 (Anja Zambelli Čolak) 曾在米兰的著名设计学府欧洲设计学院（Istituto Europeo di Design) 和多慕斯设计学院 (Domus Academy) 的平面和商业设计专业学习。工作室相信设计的作用就是改变产品定位，让公司在激烈的竞争中脱颖而出。他们的设计就好比在讲述一个故事，而该故事就是将商品的潜在价值转化到有形的市场需求中去。

奥斯卡 · 玛尔 (Oscar Mar)

墨西哥
288—295

奥斯卡 · 玛尔在多伦多育碧（Ubisoft Toronto）担任艺术总监。除此之外，奥斯卡 · 玛尔还经营着自己的设计和插画公司，曾与众多品牌合作，如克莱特（Colette）、凯罗伯机器人（Kidrobot）、电子艺术（ Electronic Arts）、芝加哥熊（Chicago Bears）、全国曲棍球联合会（HNL）和全国大学生篮球足球体育协会。

昱弘设计工作室

中国
296—299

昱弘设计工作室重视商业零售品牌的设计和管理，提供全方位的零售品牌建设方案，包括品牌战略、品牌再任、包装设计和空间设计。客户来自餐饮、家庭和个人护理、教育、文化等领域。

东长首饰工作室

中国
300—303

东长通过深度体验、理性分析和自主练习，寻求适合的表达方式。珠宝设计师陈小文毕业于广州美术学院装饰艺术系，之后赴巴黎珠宝首饰工会的珠宝工艺设计专业深造。2012 年回国后，陈小文与平面设计师张硕合伙成立了东长珠宝品牌。张硕亦是一名独立策展师，毕业于广州美术学院视觉艺术设计学院。

KUMQUAT MARMALADE

水果 (Le Fruit)

果的产品包括系列果汁和果酱。水稻创意
e Creative) 受乐水果邀请，重新设计企
牌及系列产品。其目标是为了展示品牌的
不同。而产品的主打特色是：无防腐剂添
源产地制造的越南天然产品。这使得乐水
够在近期与众多外国商品的竞争当中占领
份额。

果的产品全部以水果为原料。品牌重塑有
帮助了企业发展其独特的经营理念，即
鲜农场”。同时，还利用鲜亮的色彩和广
标系统在货架上展开竞争。而这些色彩和
的设计是源自湄公河三角洲的热带水果及
。产品广告大胆且吸睛，并配有精致的热
果图标。我们的工作室为每个产品制作了手绘脚本。大多数包装都是根据品牌定位设计的，我们的脚本有助于品牌宣扬其产品的精细手工制作。事实证明，品牌重塑是很成功的。不仅品牌看起来更加高端，而且营销人员也更乐于将包装漂亮的产品铺陈在门店更加显眼的位置。

乐水果正在进军之前尚未涉足的零售市场，比如高端连锁超市、国际机场和诸如星巴克等专卖店。乐水果目前正在寻求国外市场，比如日本、韩国和阿拉伯联合酋长国。

设计机构：水稻创意
设计师：阮茶嵋 (Tra My Nguyen)、
乔格瑞・朱维特 (Gregory Jewett)
创意总监：乔格瑞・朱维特
客户：乐水果
摄影师：陈荣 (Wing Chan)
插画师：黎玉雄 (Le Ngoc Hung)
策划：阮武权 (Vu Quan Nguyen)

farm fresh
LE FRUIT
Nectar
Chanh Dây
PASSION FRUIT NECTAR
NEVER FROM CONCENTRATE

farm fresh
LE FRUIT
Nước
Dừa Chanh
COCONUT WATER WITH LIME
NEVER FROM CONCENTRATE
260ML

乐水果

设计机构：水稻创意
设计师：阮茶嵋、乔格瑞·朱维特

乐水果

设计机构：水稻创意
设计师：阮茶嵋、乔格瑞·朱维特

LE FRUIT
farm fresh
COCONUT WATER WITH LIME
PASSION ACEROLA PINEAPPLE NECTAR
PINEAPPLE JUICE
ORANGE JUICE
MANGO NECTAR
POMELO JUICE
GUAVA NECTAR
CARROT ORANGE PINEAPPLE JUICE
PASSION FRUIT NECTAR
1L
NEVER FROM CONCENTRATE

LE FRUIT
farm fresh
Nước Bưởi Tươi
POMELO JUICE
純粋特選ポメロジュース
퓨어 포멜로 프리미엄
1L
NEVER FROM CONCENTRATE
LE FRUIT
farm fresh
Nectar Ổi
GUAVA NECTAR
グアバ　ネクター
구아바 넥타
1L
NEVER FROM CONCENTRATE
LE FRUIT
farm fresh
Nước ép Cà Rốt Cam Dứa
CARROT ORANGE PINEAPPLE JUICE
キャロット・オレンジ・パイナップルジュース
당근, 오렌지, 파인애플 주스
1L
NEVER FROM CONCENTRATE

玛柔巧克力 (Marou)& 国家美术馆

新加坡国家美术馆是一座新建的博物馆，位于新加坡市中心。它与玛柔巧克力相互代言，既代表了越南特色，也代表了国家美术馆的独特建
该美术馆由三个主题鲜明的空间组成，分别是历史 (Historic)、现代 (Modern) 和卓越 (I ranscendent)。我们根据这些主题设计了一系列图
根据这三个空间的定位和理念，玛柔巧克力可从中挑选三个最心仪的图标。
我们面临的下一个挑战是如何诠释越南的特色。水稻创意试图用正宗的越南传统艺术形式冲破重重阻碍。我们选择了一种传统的绘制形式—
东湖版画，它源自越南北方的一个小村庄。当地有一户人家在过去 500 年经过 21 代人的努力一直延续着这种绘制技术。我们的团队找到了
们，并向其取经学习。

设计机构：水稻创意
设计师：威廉 · 索奇维斯特 (William Sorqvist)、安娜 · 特伦 (Anna Tran)、池安 · 德 · 李 (Chi-An De Leo)、
乔舒亚 · 布莱登巴赫 (Joshua Breidenbach)
创意总监：池安 · 德 · 李、乔舒亚 · 布莱登巴赫、乔格瑞 · 朱维特
客户：玛柔巧克力
摄影师：陈荣
生产商：安娜 · 迪恩 (Anna Dinh)

A TRIO OF SINGLE ORIGIN DARK CHOCOLATES
A TRIO OF SINGLE ORIGIN DARK CHOCOLATES
A TRIO OF SINGLE ORIGIN DARK CHOCOLATES
A TRIO OF SINGLE ORIGIN DARK CHOCOLATES
A TRIO OF SINGLE ORIGIN DARK CHOCOLATES
A TRIO OF SINGLE ORIGIN DARK CHOCOLATES

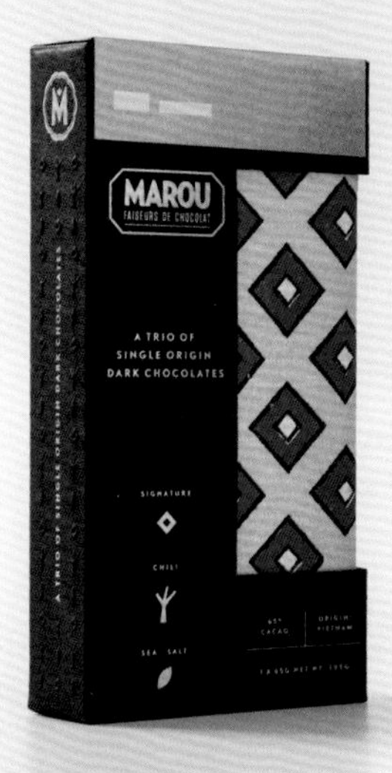
MAROU
FAISEURS DE CHOCOLAT
A TRIO OF
SINGLE ORIGIN
DARK CHOCOLATES

MAROU
FAISEURS DE CHOCOLAT
A TRIO OF
SINGLE ORIGIN
DARK CHOCOLATES

MAROU
FAISEURS DE CHOCOLAT
A TRIO OF
SINGLE ORIGIN
DARK CHOCOLATES

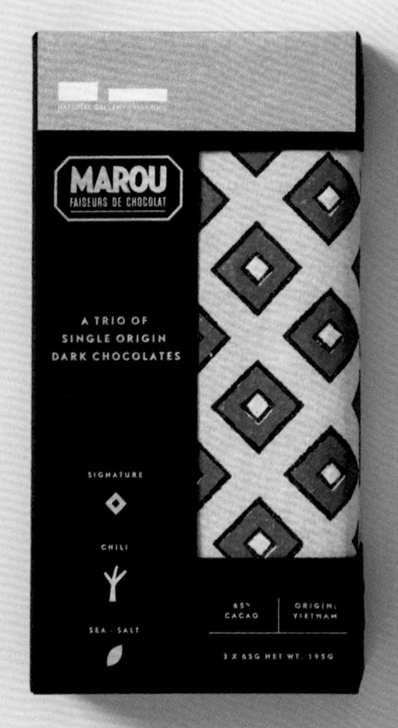
MAROU
FAISEURS DE CHOCOLAT
A TRIO OF
SINGLE ORIGIN
DARK CHOCOLATES
SIGNATURE
CHILI
SEA - SALT
65% CACAO
ORIGIN: VIETNAM
3 X 65G NET WT. 195G

SINGLE ORIGIN DARK CHOCOLATE
WITH HAND-MADE VIETNAMESE
ARTWORK WRAPPING
THE CHOCOLATE
MAROU FAISEURS DE CHOCOLAT HAVE CREATED THIS TRIO OF SINGLE ORIGIN DARK CHOCOLATE BARS ESPECIALLY FOR THE NATIONAL GALLERY SINGAPORE. EXPERIENCE THESE BOLD FLAVOURS IN:
SIGNATURE
CHILI
SEA - SALT
THE ART
DÔNG HỒ PRINTING IS A FIVE-HUNDRED YEAR OLD VIETNAMESE ART-FORM. ALL PIGMENTS ARE NATURAL & HAND-PRINTED FROM SKILFULLY CARVED PERSIMMON WOOD (GỖ THỊ) BLOCKS.
NOT JUST A WRAPPER THIS BOX CONTAINS THREE ARTWORKS PRINTED BY ONE OF THE LAST TWO FAMILIES IN VIETNAM WHOM HAVE BEEN CRAFTING ORIGINAL DÔNG HỒ PRINTS FOR TWENTY-ONE STRAIGHT GENERATIONS.

巧克力 & 国家美术馆

构：水稻创意
师：威廉 · 索奇维斯特、 安娜 · 特伦、
德 · 李、乔舒亚 · 布莱登巴赫

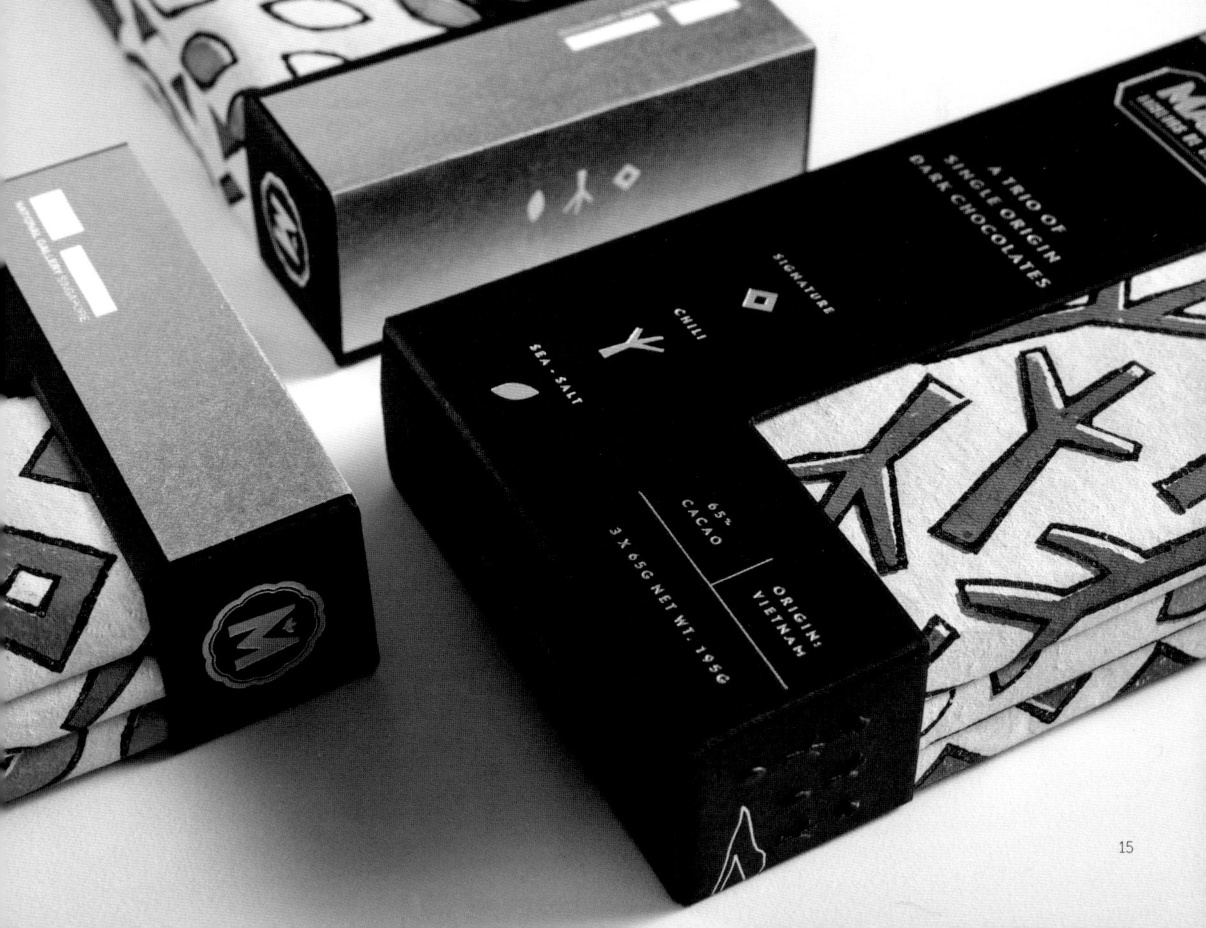

玛柔巧克力 & 国家美术馆

设计机构：水稻创意
设计师：威廉·索奇维斯特、安娜·特伦、池安·德·李、乔舒亚·布莱登巴赫

MAROU
VIETNAM 65%
SINGLE ORIGIN
DARK CHOCOLATE
Chili
MAROU
VIETNAM 65%
SINGLE ORIGIN
DARK CHOCOLATE
SINGLE ORIGIN
DARK CHOCOLATE
Sea Salt

VIETNAM 65%
SINGLE ORIGIN
DARK CHOCOLATE

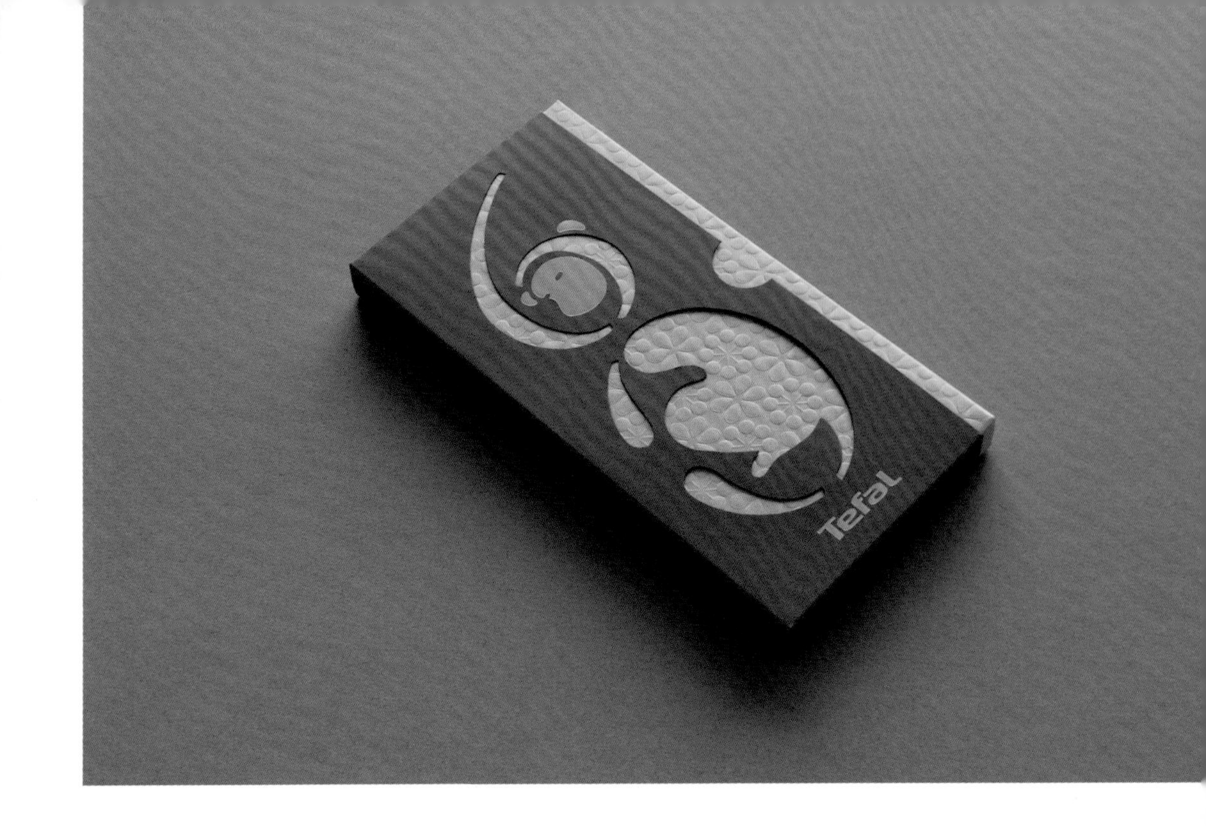
Tefal

SPRING
春
Tefal
Tefal

特福 (Tefal)60 周年庆红包

这一款红包是为了庆祝特福成立 60 周年和猴年的到来，同时宣传该公司的主打产品——平底锅和熨斗而设计的。为了实现多重庆贺的目的，我们将这三个事件的标志性元素融汇在一起，最后的设计成果就是一只猴子——2016 年的黄道生肖，并把它做成了数字 60 的形状。我们使用平底锅和熨斗作为基本图形元素，完成了红包的最终设计。

设计机构：民间工作室 (The Folks Studio)
设计师：杨正亮
客户：新加坡赛博集团 (Groupe SEB Singapore)

FLAG & SAC

福莱格＆萨克（Flag & Sac）

福莱格＆萨克是一家马卡龙礼物公司，而我们的任务就是为这个品牌设计名字和定位。
我们思考的起点是人们送礼物的各种场景，比如告别、表白、道歉、问候、请客和感谢等。把这些场景的英文首字母放在一起，就形成了品牌的名字——福莱格＆萨克。福莱格表示送礼物的不同场合，萨克则是单词糖精(saccharine)的缩写。简而言之，品牌名称的意思就是在一些重要场合用甜蜜制造幸福。
品牌和包装都十分简单质朴，以突显产品的优雅大方。

设计机构：民间工作室
设计师：杨正亮
客户：福莱格＆萨克

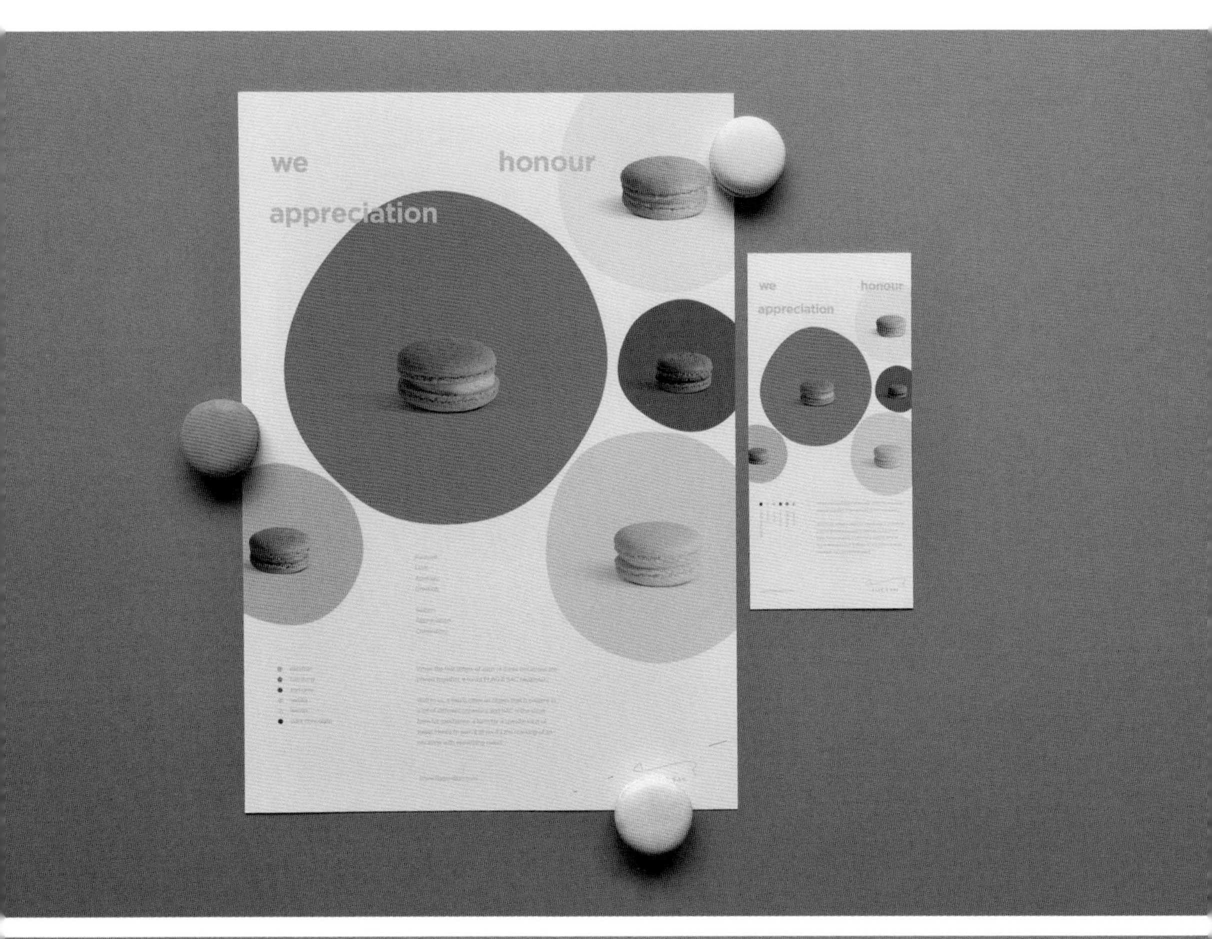
we
honour
appreciation
we
honour
appreciation

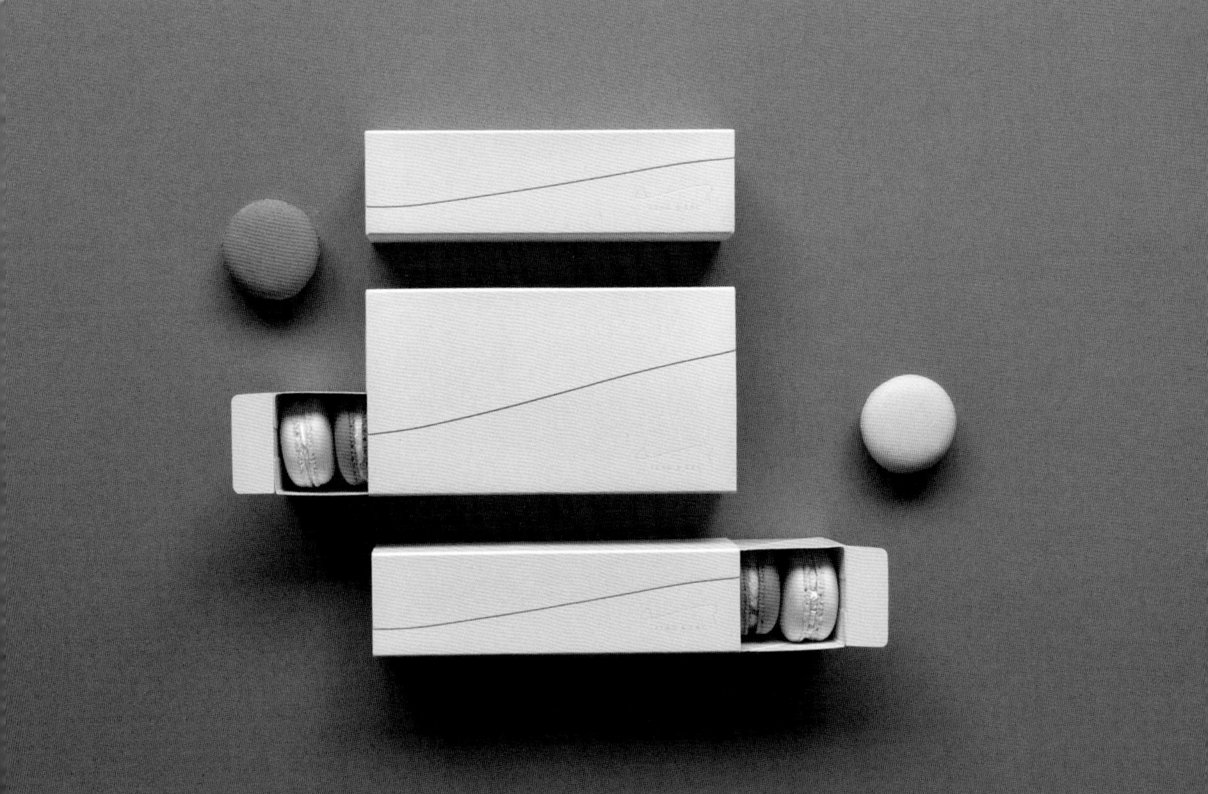

福莱格＆萨克

设计机构：民间工作室
设计师：杨正亮

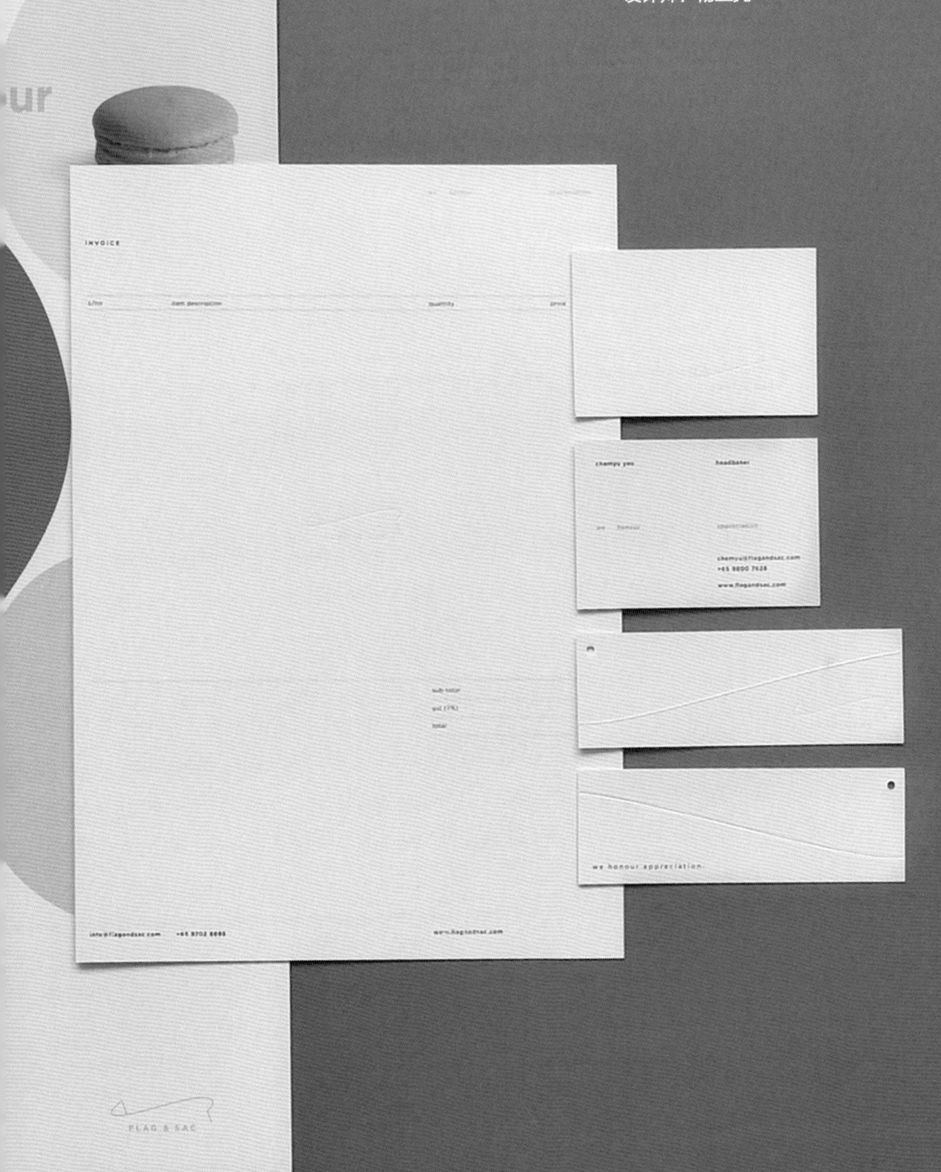

SF 礼物（SF Gifts）

作为一个刚成立不久的公司，SF 礼物公司想要实现多样化的产品供应是比较困难的。因此，我们通过该公司已有的产品来设计不同的广告方案。品牌重塑后最终采用了礼物私人定制的思路。

设计机构：民间工作室
设计师：杨正亮
客户：SF 礼物

SF
GIFTS
EST 2012

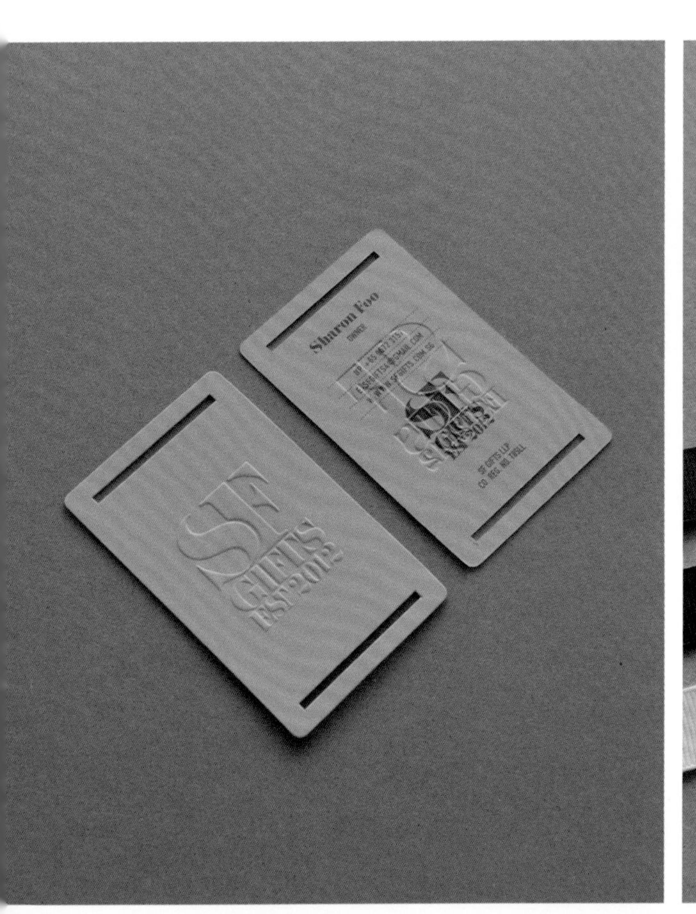

Sharon Foo
OWNER
SF GIFTS LLP
SF
GIFTS
EST 2012

SF

SF
GIFTS
EST 2012

SF 礼物

设计机构：民间工作室
设计师：杨正亮

新疆肉苁蓉
CISTANCHE SALSA(C.A.MEY)G.BEC
净含量 250g
沙漠人参

新疆肉苁蓉
CISTANCHE SALSA(C.A.MEY)G.BEC
沙漠人参

沙漠人参

阿娜坦沐肉苁蓉品牌包装

肉苁蓉也叫地精或疆芸，是一种广为人知的沙漠植物，有非常高的药用价值。肉苁蓉也是中药材，常用于壮阳补肾。设计中将插画技法融合沙画的画风，突出地域特色，别具一格。

设计师：黎玉泽
设计机构：妙物间设计工作室
创意总监：黎玉泽
设计总监：杨凯
艺术总监：黎玉泽
客户：高昌果业有限公司
摄影师：杨凯

同乐堂开心酱

这是一款地方辣椒酱和韭菜酱伴手礼。它的主题是“小食大幸福”，旨在引导人们通过体验来发掘生活中的乐趣。为了突显回归生活本质的理念为避免过于写实的图片让产品失去吸引力与神秘感，我们采用了插画形式，古朴的版画风格刻画出制作的步骤，体现质朴与自然的同时传了手工制作的人情味。

设计师：郭玉龙
设计机构：凯意品牌设计顾问公司
客户：同乐堂
摄影师：郭玉龙

野韭花醬

同樂堂

采摘
清洗
上磨
腌制

功效
同樂堂
開心醬
高山寶地
古法手作
小食大幸福

同樂堂
野韭花酱
秘制
野韭花酱
正宗

秘制
野韭花酱
正宗

同乐堂开心酱

设计师：郭玉龙
设计机构：凯意品牌设计顾问公司

同乐堂开心酱

设计师：郭玉龙
设计机构：凯意品牌设计顾问公司

秘制
手工
辣椒酱
350克
開心醬

秘制
手工
辣椒酱
350克

妙天真四季香烛

焚香是一种通过四季变换的理念将人和自然联系在一起的方式。在上香的过程中，各种上香的形式融汇了复杂的元素，并通过香烛不同的颜色和材质反映出不同的风格。

设计师：郭玉龙
设计机构：凯意品牌设计顾问公司
客户：临安元葆堂商贸有限公司
摄影师：郭玉龙

明窗延静昼，默坐消尘缘；即将无限意，寓此一炷烟。
当时戒定慧，妙供均人天；我岂不清友，于今心醒然。
炉烟袅孤碧，云缕霏数千；悠然凌空去，缥缈随风迁。
世事有过现，熏性无变迁；应是水中月，波定还自圆。
MIAO
TIAN ZHEN
MIAO
TIAN ZHEN

妙天真
MIAO
四时之和
「六合」

妙天真四季香烛

设计师：郭玉龙
设计机构：凯意品牌设计顾问公司

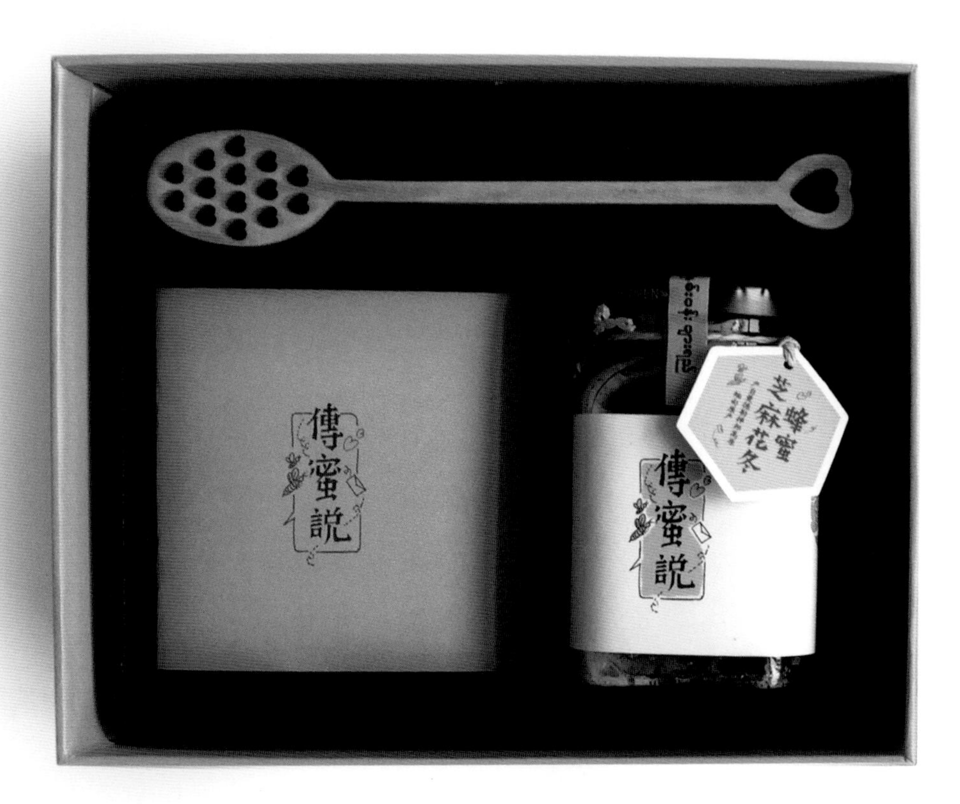

传蜜说

“既然有那么多话敢埋在心里，为何没有勇气说出。”这是一件表达心意的礼物，把这句话组合成一个嘴巴的形状，传递你我蜜语，感受其中浓厚的甜蜜心意。具有艺术感的品牌形象包装，明确塑造了品牌调性。由“说出甜蜜心意”与“收到心仪礼物”的情景式设计诠释包装，勾起消费者的好奇与期待，在产品、服务和用户之间建立起了情感的纽带。

设计师：郭玉龙
设计机构：凯意品牌设计顾问公司
客户：传蜜说
摄影师：郭玉龙

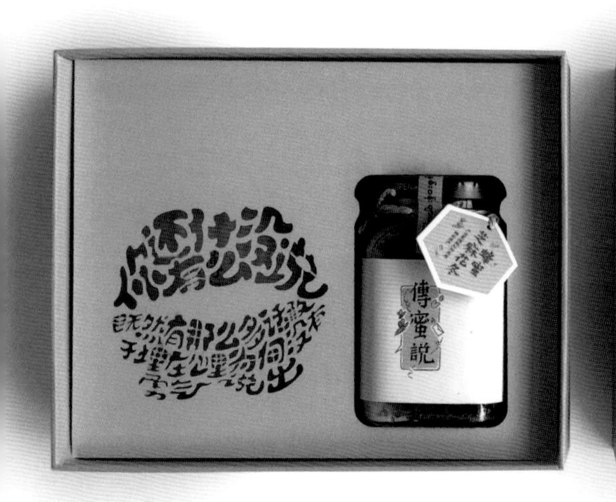
傳蜜說

傳蜜說

傳蜜說

HANDSTYCKAT FRÅN ÖSTERLEN
INGELSTA®
19 KALKON 84

HANDSTYCKAT FRÅN ÖSTERLEN
INGELSTA®
19 KALKON 84

音格斯塔 · 卡克恩 (Ingelsta Kalkon)

该公司制作的高档美食主要是来自瑞士欧斯特伦 (Österlen) 地区的火鸡。我们的灵感来自欧斯特伦地区广阔的沙丘。在图标中设计这只火鸡是为了展现产品高端大气的特质。同时，图标还体现了我们将欧斯特伦风景的精髓融入设计的坚定决心，以及音格斯塔一家对手工设计满腔的爱和奉献。

设计机构：阿莫尔 (Amore) 品牌定位工作室
创意总监：乔根 · 欧罗夫松 (Jörgen Olofsson)
资深设计师：帕塔 · 林德根 (Petra Lindgren)
设计师：埃里克 · 乔汉松 (Erik Johansson)、乐阿 · 英格伦德 (Leah Englund)
项目经理：林尼 · 迪克森 (Linnea Dicksen)
生产经理：卡拉 · 茂 (Klara Mau)
图案设计：迈克尔 · 诶森 (Mikael Eisen)、亨里克 · 林德奎斯特 (Henrik Lindquist)
客户：音格斯塔 · 卡克恩

TILLAGNING I MIKRO
TÖM INNEHÅLLET FRÅN PÅSEN I EN LITEN SKÅL SOM KLARAR MIKRO. TÄCK MED PLASTFOLIE ELLER LOCK.
VÄRM I CA 5 MIN. RÖR OM DÅ OCH DÅ. RIV SEDAN ISÄR KÖTTET MED TVÅ GAFFLAR.
Slow Extras
SYRAD RÖDLÖK OCH COLESLAW
SYRAD RÖDLÖK (4 PORTIONER)
2 ST RÖDLÖKAR, 1 DL ÄTTIKSSPRIT, 2 DL STRÖSOCKER, 3 DL VATTEN, 5 ST SVARTPEPPARKORN, 1 ST LAGERBLAD
Skala och skiva löken tunt. Blanda ättikssprit, socker och vatten. Tillsätt sedan svartpepparkorn och lagerblad. Lägg i lökskivorna och låt stå minst en timme innan servering.
COLESLAW (4 PORTIONER)
1/4 KÅLHUVUD, 5 DL VATTEN, SALT, 1 DL MATLAGNINGSYOGHURT, 1/4 DL MAJONNÄS, 1/2 ÄPPLE, 1/4 DL RUSSIN, 1/4 DL ROSTADE VALNÖTTER, 0,5 TSK HONUNG, SVARTPEPPAR
INGELSTA KALKON
NYHET
Slow Cooked
CLASSIC
PULLED TURKEY
450G
INGELSTA KALKON
Finaste
KALKONFÄRS
DJUPFRYST
NYHET
KALKONBRÖST EXTRARÖKT
EXTRARÖKT
INGELSTA KALKON
KALKONBACON

音格斯塔·卡克恩

设计机构：阿莫尔品牌定位工作室
创意总监：乔根·欧罗夫松

MANITOBA CREAM

Pâtisserie

TIPO"00"

RUSTIQUE

兰姆罗萨 · 卡伦 (Ramlösa Kvarn)

兰姆罗萨·卡伦是一家高端专业面粉公司，产品主要用于家庭烘焙。该设计突显了公司与众不同且强大的产品系列。

设计机构：阿莫尔品牌定位工作室
创意总监：乔根 · 欧罗夫松
设计总监：乔纳斯 · 何斯特伦 (Jonas Hellström)
设计师：埃里克 · 乔汉松
品牌策划：卡尔 · 罗纳德尔 (Carl Ronander)
生产经理：卡拉 · 茂
广告文案：安娜 – 卡林 · 诶尔德 (Anna-Karin Elde)
3D 视觉设计：迈克尔 · 欧森 (Michael Olsson)
图案设计：迈克尔 · 诶森
客户：阿伯斗 · 迈乐斯 (Abdon Mills)

RAMLÖSA KVARN
RUSTIQUE
STENMALET
SIKTAT
RÅGMJÖL
UTMÄRKT FÖR MUSTIGA
SURDEGSBRÖD IHOP MED
RUSTIQUE VETEMJÖL
2 KG

RAMLÖSA KVARN
Pâtisserie
SIKTAT
KÄRNVETEMJÖL
MAKALÖST FÖR
SMÅKAKOR OCH BAKVERK
2 KG

RAMLÖSA KVARN
MANITOBA
CREAM
SIKTAT
BAGERI-
VETEMJÖL
IDEALISKT FÖR
SAFTIGT, FYLLIGT BRÖD
SAMT FRASIG PIZZA
2 KG

RAMLÖSA KVARN
TIPO"00"
SIKTAT
VÅRVETEMJÖL
EXCELLENT FÖR
PASTA OCH PIZZA
2 KG

RAMLÖSA KVARN
RUSTIQUE
Rustique Vete är baserat på 100% svenskt vårvete, det är stenmalet med hög proteinhalt. Mjölet har unika bakegenskaper och ger ett härligt poröst bröd med knaprig yta. Askhalten i mjölet gör att brödet får en mer rå och mogen karaktär. Rustique Vete är ett naturligt mjöl helt utan tillsatser.
STENMALET
SIKTAT
VÅRVETEMJÖL
OPTIMALT FÖR
FYLLIGA SURDEGSBRÖD
2 KG

RUSTIQUE
STENMALET SIKTAT VÅRVETEMJÖL /
KIVIJAUHETTU SEULOTTU KEVÄTVEHNÄJAUHO
RUSTIQUE
STENMALET SIKTAT RÅGMJÖL /
KIVIJAUHETTU SEULOTTU RUISJAUHO
MANITOBA
CREAM
SIKTAT BAGERIVETEMJÖL /
SIHDATTU LEIVONTAVEHNÄJAUHO
TILLVERKNINGSDAG 27022016 09:53 M1
BAST FORE 26022017
Pâtisserie
SIKTAT KÄRNVETEMJÖL /
SEULOTTU YDINVEHNÄJAUHO
TIPO"00"
SIKTAT VÅRVETEMJÖL /
SEULOTTU KEVÄTVEHNÄJAUHO

RAMLÖSA KVARN
RAMLÖSA KVARN
RAMLÖSA KVARN
RAMLÖSA KVARN
RAMLÖSA KVARN

兰姆罗萨 · 卡伦

设计机构：阿莫尔品牌定位工作室
创意总监：乔根 · 欧罗夫松

Turn up the heat

rfsu
sense me™
Turn up the heat
3IN1
MASSAGE GLIDE
MASSAGE GEL & LUBRICANT
WITH WARMING EFFECT
SENSITIVE
FOR INTIMATE USE
LONG LASTING GLIDE
FREE FROM PARABENS
GYNECOLOGICALLY TESTED

RFSU 感觉我（RFSU Sense Me）

RFSU 感觉我润滑剂经过了重新设计和升级改造，以面向药房出售，并在零售市场大范围推广。充满情趣的产品名称、视觉化的感知设计，以及手绘模型都充分展现了产品的特质。手绘图标的哑光面和高光镀金箔纸的鲜明对比，突显出产品的轻薄触感。

设计机构：阿莫尔品牌定位工作室
创意总监：乔根 · 欧罗夫松
设计总监：米凯拉 · 格林 (Michaela Green)
设计师：李里特 · 阿瑟燕 (Lilit Asiryan)
项目经理：玛杰 · 马姆伯格 (Marjam Malmberg)
图案设计：于尔瓦 · 皮特斗特 (Ylva Petersdotter)
客户：RFSU 品牌

RFSU 感觉我

设计机构：阿莫尔品牌定位工作室
创意总监：乔根・欧罗夫松

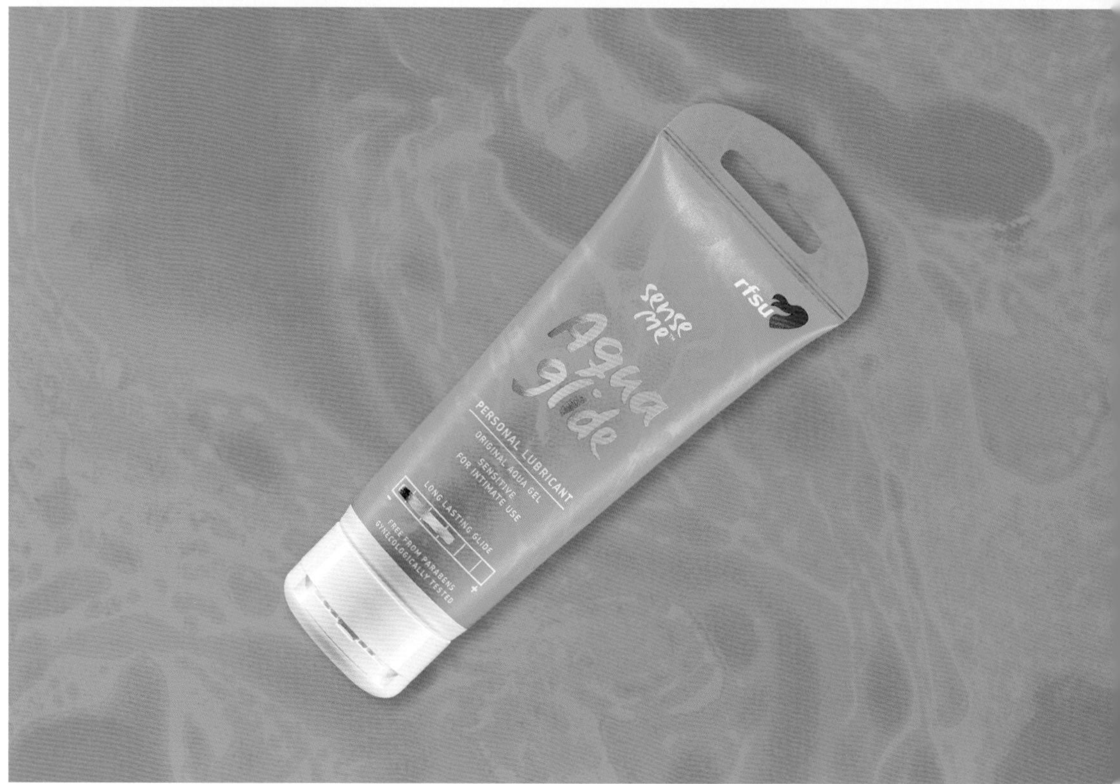

rfsu
sense me™
Oh yes!
STIMULATING GEL
FOR INTIMATE USE
FREE FROM
PERFUME & PARABENS
GYNECOLOGICALLY TESTED

rfsu
sense me™
Magic glide
PERSONAL LUBRICANT
CREAMY MOISTURISING GEL
SENSITIVE
FOR INTIMATE USE
EXTRA LONG LASTING GLIDE
FREE FROM PERFUME AND PARABENS
GYNECOLOGICALLY TESTED

创意礼物 (Chic Novelties)

当人们去福特纳姆 & 玛森（Fortnum & Mason）买甜品时，见到的巧克力和包装盒应该像其产品定位一样与众不同。消费者一进丽景店（Regency store）的大门，就会被装饰精美、质量上乘的甜品包围。而福特纳姆 & 玛森的目标，就是保证自己的手工制作产品是店里的焦点。为了增加商品种类，福特纳姆 & 玛森要求我们设计一款全新的巧克力三件套包装，让人们在送出这款产品时能给对方带来惊喜。

我们选择店里三款新颖的巧克力来设计包装，它们分别是牡蛎贝壳、巧克力纽扣和吐舌猫。我们的任务就是设计出一套与之相配的别致包装盒，并为每一款巧克力构思出一个有趣的故事。我们为三款巧克力设计了不同的广告语，牡蛎贝壳：“世界就是你的……（牡蛎）”；巧克力纽扣：“可爱的……（纽扣）”；吐舌猫：“猫舌饼”。这些广告语直接向消费者施展魅力和智慧，并为包装盒奠定了基调。

我们设计了一系列简单大气的彩色图案，图案看上去栩栩如生。为了抵消主插画中的暗色，我们加入了福特纳姆标志性的青绿色，并配上现代霓虹色的珊瑚阴影，以此作为包装的时尚主色调。这种独具风格的插画分别展现出包装盒三个鲜明的主题，同时富于想象力的细节刻画也进一步彰显了主题。

我们的手绘插画让人耳目一新。吐舌猫巧克力的包装上印有一只黑猫，猫爪之间藏着一只白色老鼠；牡蛎贝壳巧克力里放着一串珍珠，香槟色的公司名称则给人一种充盈的感觉；高级纽扣巧克力看上去像是被棉线缝在包装盖上，棉线摆成了广告语“可爱的……（纽扣）”的形状。

包装盒沿边的一些插画会不断吸引着顾客的目光，比如猫俯身爬过鼠洞留下的爪印、穿过针的棉线和圆顶大头针等。为了做进一步的展示，我们在黑猫项圈上写着“如果找到它，请归还福特纳姆 & 玛森公司”。最后还有一个设计亮点，就是我们在里层的盒盖上放置了一些小的隐藏物体供人们查找。福特纳姆 & 玛森公司的新奇巧克力系列是一款独具匠心的礼物，进一步突显出福特纳姆 & 玛森公司的智慧、魅力和独特的风格。

设计机构：设计桥 (Design Bridge)
创意总监：艾玛 · 福莱特 (Emma Follett)
设计总监：海莉 · 巴雷特 (Hayley Barrett)、霍利 · 基尔蒂 (Holly Kielty)
客户：福特纳姆 & 玛森

NUTRITIONAL INFORMATION
TYPICAL VALUES per 100g
Energy 2436 kJ
580 kcal
Fat 40.0 g
- of which saturates 25.0 g
Carbohydrates 46.0 g
- of which sugars 38.0 g
Protein 7.5 g
Salt 0.2 g
0 000000 000000 >
Best Before En

创意礼物

设计机构：设计桥
创意总监：艾玛 · 福莱特

FORTNUM & MASON
Langues de Chat
HANDMADE
MILK CHOCOLATE BATONS
FORTNUM & MASON
Cute as a...
HANDMADE
MILK CHOCOLATE BUTTONS
FORTNUM & MASON
THE WORLD IS YOUR...
HANDMADE
MILK CHOCOLATE OYSTERS

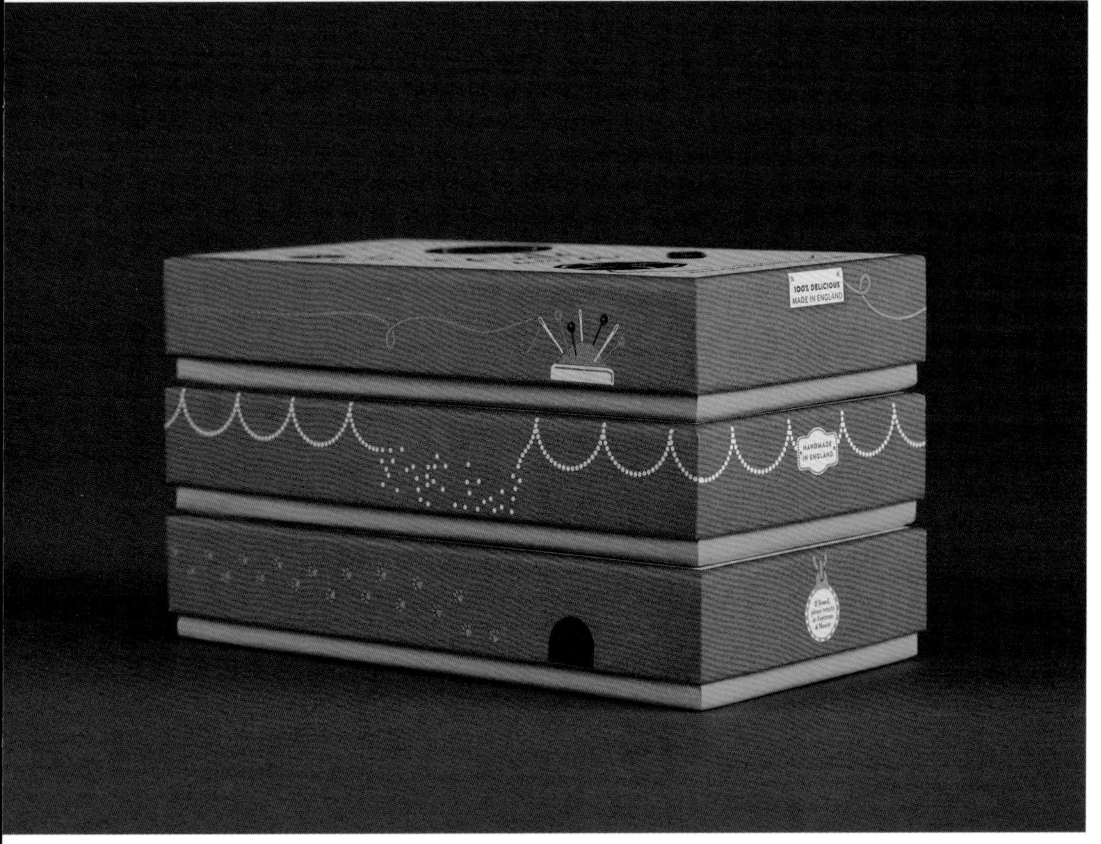
100% DELICIOUS
MADE IN ENGLAND
HANDMADE
IN ENGLAND

FORTNUM & MASON
PICCADILLY SINCE 1707
Chocolate-Covered Stem Ginger
these handcrafted Milk and Dark Chocolate Stem Gingers are feisty, spicy and
in copper pans, our recipe uses the finest ingredients for a texture and taste that
rich and velvety taste of chocolate as it perfectly captures the depth of soft yet
Take a daring bite into your spicy side.

FORTNUM & MASON
MILK & DARK
SELECTION
FORTNUM & MASON
CREAMS

福特纳姆 & 玛森手工系列

作为伦敦最古老、最著名的购物店之一，福特纳姆 & 玛森要求我们重新设计他们的甜品系列。但明确指出，我们必须保留传统风格，同时以更现代更优质的方式吸引新的消费者。在看到丽景店独具匠心的标志性风格之后，我们感觉一旦人们离开皮卡迪利广场（Piccadilly），他们并不会记得福特纳姆甜品系列的独特造型。它的包装还是让人觉得有些平庸过时，没能反映出里面甜品的精美和细致。福特纳姆希望它的巧克力包装盒能成为一种特别的纪念品，精美得让人想把珠宝首饰放在里面。

在深入研究了福特纳姆在英国摄政时期的档案之后，我们去拜访了福特纳姆的甜品设计师，并仔细观察这些精美的手工巧克力是如何制作的。我们感觉到包装盒的新设计需要体现出产品的奢华精美，以及巧克力制作过程产生的喜悦和商店上下充斥着的乔治亚王朝的魅力。我们发现了一个机遇，那就是以一种解说性的风格将精美的产品和故事、细节和深度、历史和现代相融合，设计一个标志性的图案，让它在新时代中脱颖而出。

考虑到这些因素，我们选择和怯懦的野兽（Timorous Beasties）合作，它是一家乔治亚风格的现代墙纸和纺织品制造商。优雅的插画以富有想象力和视觉吸引力的方式，生动地将福特纳姆 & 玛森手工甄选系列里的各种风味元素融入到生活当中，同时把一些隐含的信息和更加精细的图案引入到了剧院故事中，使得福特纳姆 & 玛森甜品更有深度，层次更加丰富。如今，随着福特纳姆公司的兴盛发展，这种英式手工系列产品给人一种宾至如归的感觉。

玫瑰 & 紫罗兰面霜（Rose & Violet creams）的命名源自一家英国国家公园，公园里大部分是玫瑰花和紫罗兰，而这两种花的提取物是面霜秘方的主要成分之一。牛奶黑巧克力系列的插图就像浓稠的黑森林，还有松鼠藏着的坚果的甜美味道，每一种颜色都暗示着里面的变化。对于中国姜黄色系列这种精心调配且馥郁芬芳的口味，我们则体现出了它的起源和异域风格，使其成为一场视觉盛宴。

福特纳姆 & 玛森的消费者体验总监——齐亚·扎瑞姆斯莱德（Zia Zareem-Slade）评论道：“我们一直在为我们的甜品系列设计一款新颖的包装，并在设计桥找到了最佳合作伙伴。他们对细节的注重很好地回应了我们的要求。而这个理念，也是福特纳姆 & 玛森受大众喜爱的原因，他们与我们一起做出了大胆而富有想象力的设计决定。新的设计为我们的系列产品增添了活力，并给出一个独特的产品定位，还以一种福特纳姆的方式与客户互动，让他们感到时尚而又有趣。”

设计机构：设计桥
创意总监：霍利·基尔蒂
设计总监：克洛伊·坦普利曼 (Chloe Templeman)、海莉·巴雷特
客户：福特纳姆 & 玛森

All gone? Treat yourself at
fortnumandmason.com

福特纳姆 & 玛森手工系列

设计机构：设计桥
创意总监：霍利·基尔蒂

女王蜂蜜

着手为福特纳姆 & 玛森设计独家蜂蜜系列包装之后，我们忽然想到了一个好创意：推出一款限量版蜂蜜来庆祝女王 90 岁生日。灵感来自于我们为区分伦敦蜂蜜系列而设计的王冠插画。福特纳姆 & 玛森对这个想法非常满意，特意采集了一批石楠花蜂蜜来庆祝这场盛事。为彰显丽景店的迷人风格并庆祝女王生日，我们设计的产品名称是“女王蜂蜜”。一枚特殊的金色印章上印着女王的官方加冕王冠，这使得限量版的 1500 罐蜂蜜得到了应有的王室礼遇。为了此次盛会，王冠的图案经过了反复刻画，并配上了福特纳姆 & 玛森的蜂蜜图标。

福特纳姆 & 玛森的首席养蜂大师小心翼翼地收集蜂蜜，并将系列中的四个标签分别贴在 1500 罐蜂蜜上，然后在盖子上写上批次和编号，并在每个瓶子上签名以确认其真实性。我们的广告语为产品设计和女王生辰提升了王室庆典的氛围，同时也体现了蜂蜜的精致美味：“味道愈久弥香，如同女王的魅力与荣耀。”独特且精心制作的瓶罐，与其中顶级石楠花蜂蜜卓越的品质相匹配。大家也会认为，这款产品配得上女王陛下的尊贵身份。

设计机构：设计桥
创意总监：霍利 · 基尔蒂
设计总监：克洛伊 · 坦普利曼
客户：福特纳姆 & 玛森

立顿冰红茶

立顿冰红茶（Lipton Ice Tea）面临的挑战是急需增加自身吸引力，以应对来自碳酸软饮料（碳酸饮料）和其他冰茶饮品的挑战。同时，还要避免大部分软饮料的那种厚重而又密集的典型包装风格。立顿冰红茶的新包装力图通过打造“提供天然提神的饮品，为消费者提供一种比碳酸饮料更加健康的选择”这一形象，提升其产品的竞争力。

随着立顿进行全面的品牌重新定位，新版立顿冰红茶的图案需要强调产品的味道，同时突出茶的天然提神的特质。产品的受众主要是 18—24 岁充满活力、向往自由的广大消费者，而新设计的目标就是与消费者进行情感互动。新的设计理念致力于宣扬和唤醒一些观念，比如“无限可能”“充分利用当下”，以及对于“充满活力和鼓舞人心的生活”的热忱。

在设计过程中，除了这些主题外，包装盒中的图案抽象地体现着力量的爆发力。而此设计理念来自一种运动，这种运动称作“跑酷”，也称“自由跑”（freerunning）。跑酷以一种新的方式来看待周边环境，并引入多元的运动方式。我看见了一种与自然的协同模式，即“渴望体验”的心态和跑酷的行动。前者符合立顿冰红茶的目标受众，后者彰显了新设计图案的活泼张力。

消费者反馈表示，人们将新设计的旋涡状瓶底和沙滩海浪联系在了一起。另一个图形上的显著改变是标签上冰红茶几个字被去掉了，只简单明了地留下“立顿”二字。这种改变对于立顿品牌和立顿冰红茶而言都是十分重大的。立顿之前的设计都是基于其产品和功能，但如今与其他碳酸饮料不同，立顿的目标是与消费者进行更多的情感互动，使得立顿产品符合人们对于另一种天然提神醒脑、更为健康的饮料的市场需求。

我们面临的一个重大挑战是，为立顿冰红茶设计出一款简单的瓶子，以适应全球分销商和专卖店。与不同国家、系统、品牌合作时，会出现很多麻烦事，此时设计一款简单的瓶子就显得十分必

了。与立顿的设计管理团队合作，我们进行了一次全球性审查，确保新瓶装统一设计的最大适用范围，使之既能与各类技术相容，能符合底部、瓶颈和其他尺寸的设计。

的立顿冰红茶瓶装的市场反响不错，这得益于其男女皆宜的现代计和旋涡形的迷人底座。此瓶装给人一种舒适的手感，让消费者情舒畅。另一个关键的因素是，这个新设计的与人肩等高的宣传料与新的广告图形设计一同提升了产品的认可度。在视觉上，与架上其他的商品也拉开了明显差距。还值得一提的是，旋涡形的底减少了瓶子的重量，让消费者看到立顿一直精益求精的付出。功完成立顿冰红茶的新设计之后，我们还需要设计出几个不同的外观，用于全球推销活动。通过与立顿团队的紧密合作，我们制定出两条设计路线：第一，基于"英雄"人物图案的新瓶装设计；第二，突显产品口味及提神作用。著名摄影师山姆·鲁滨逊（Sam Robinson）的专长就是捕捉真实生活中的画面，他也受邀加入我们的设计团队。重要的视觉效果将出现在广告牌和公交候车亭上，以及商店里的海报、横幅中。

计机构：设计桥
意总监：劳伦特·罗宾普莱维利 (Laurent Robin-Prevallee)、克莱尔·罗伯肖 (Claire Robertshaw)
户：百事立顿 (Pepsi Lipton)

Taste the
BRIGHTSIDE
Lipton
PEACH
ICE TEA

立顿冰红茶

设计机构：设计桥
创意总监：劳伦特·罗宾普莱维利、克莱尔·罗伯肖

卡虎 (Karhu) 品牌包装再设计

卡虎啤酒在芬兰很受欢迎，它的“北极熊”图标已经家喻户晓。尽管图标具有标志性，但卡虎的瓶子看上去却很老式。如今酒吧里的酒主打国外的大品牌，为了成为有力的竞争者，卡虎需要从自身找出一个办法，摆脱这个老旧的形象。这个熊形的图标不应只代表一个显眼的熊头，或只让人联想到狩猎战利品。

“熊”是卡虎直译过来的意思，是对品牌名称最直接的译释，也是我们的灵感来源。这个鲜明的图标需要摆脱陈旧、标新立异。品牌拥有50 多年的发展历程，现在是设计新图标的时候了，以释放出其新兴的内在力量。新的熊形图标经过再次精心设计，看上去不再像是挂在墙上的狩猎战利品，但彰显出了品牌不被驯服的锋利个性。这是一种真实写照，野性、前卫而富有个性。新设计的瓶装显示出品牌的核心，即自信和坚韧强壮。我们将这个标志性图案做成浮雕嵌入瓶身，增加了触感并强化了品牌的阳刚气概。新的设计让从前那个徽章一样的商标，呈现出了强壮有力、充满自信的新姿态。

设计机构：设计桥
创意总监：马特 · 汤普森 (Matt Thompson)
客户：辛布里筹福 (Sinebrychoff)

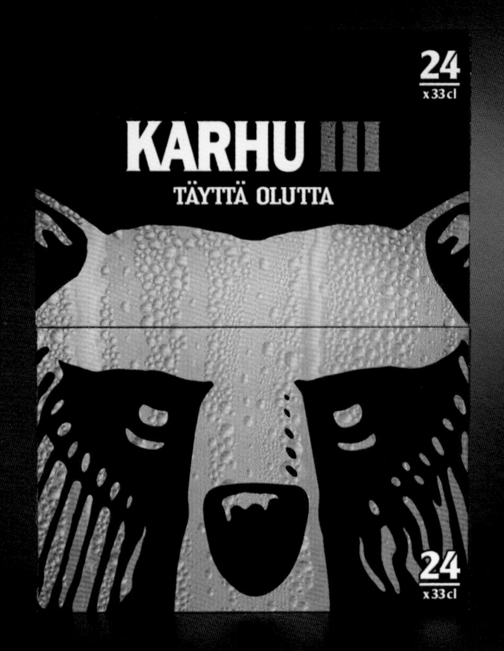
24
x 33 cl
KARHU III
TÄYTTÄ OLUTTA
24
x 33 cl

24
x 33 cl
24
x 33 cl

卡虎系列重新设计和定制贸易酒瓶

设计机构：设计桥
创意总监：马特 · 汤普森

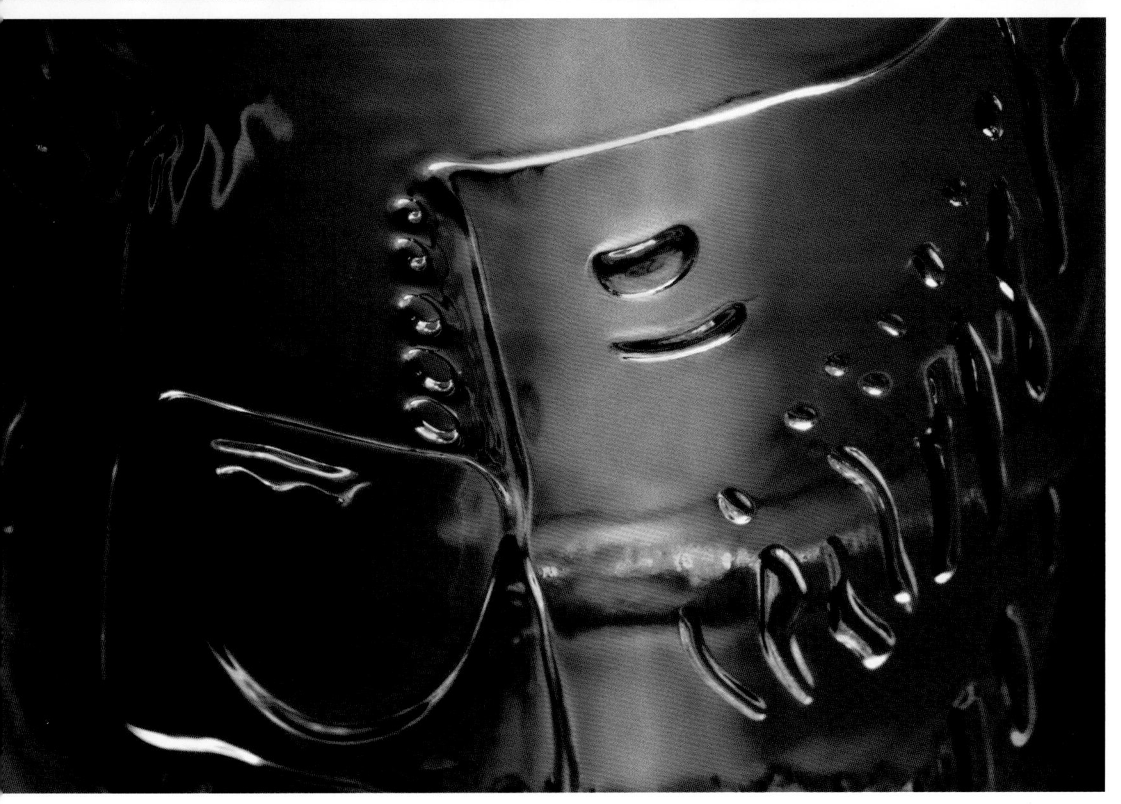

工蜂（Bifolk）

诺德伯乐公司（Nordpolen Industrier）致力于帮助残疾人，并给他们工作机会。奥斯陆（Oslo）中部城市的屋顶上，蜜蜂在蜂巢进进出出地忙碌了数月。诺德伯乐的员工已经采集了这些蜂蜜，我们的工作就是设计一个产品名称，并为他们的最新项目“城市蜂蜜生产”设计包装。

“工蜂”是蜜蜂领域研究的专业术语，指的是负责劳作的蜜蜂。这个名字非常好地描述了诺德伯乐公司的员工。“Bifolk”来自于挪威语“bier”和“byfolk”两个词，意思分别是“蜜蜂”和“城市居民”。包装设计上的条纹代表着蜂巢和蜜蜂身上的条纹，以及城市里的人行横道。包装设计总体上要求必须容易组装，但是其中的几个环节仍需要许多人力。我们设计的包装包含三个部分：一张贴纸、一个印章，还有一条重要的飘带。

此设计需要展现产品的魅力，同时让产品在货架中脱颖而出。公司需要一个有趣的、独一无二的都市化设计，希望在人们心中留下一种积极向上的感受，而不是出于同情。为实现这一目的，我们在飘带的内侧写了几句话，简单介绍诺德伯乐公司的经营方式和员工情况。通过这种方式，人们在购买并拆开产品之后才会看到这些介绍，它不会成为购买的理由，但却能成为一个可爱的小惊喜。

设计机构：迪纳摩 (Dinamo)
创意总监：赛蒙・弗兰克尔 (Simen Grankel)
设计师：朱莉・豪根 (Julie Haugan)、艾达・伊克罗 (Ida Ekroll)
客户：诺德伯乐公司
摄影师：亨利埃特・贝尔格 – 托马森 (Henriette Berg-Thomassen)、艾米丽・索菲・索根・法尔仕 (Emilie Sofie Sogn Falch)

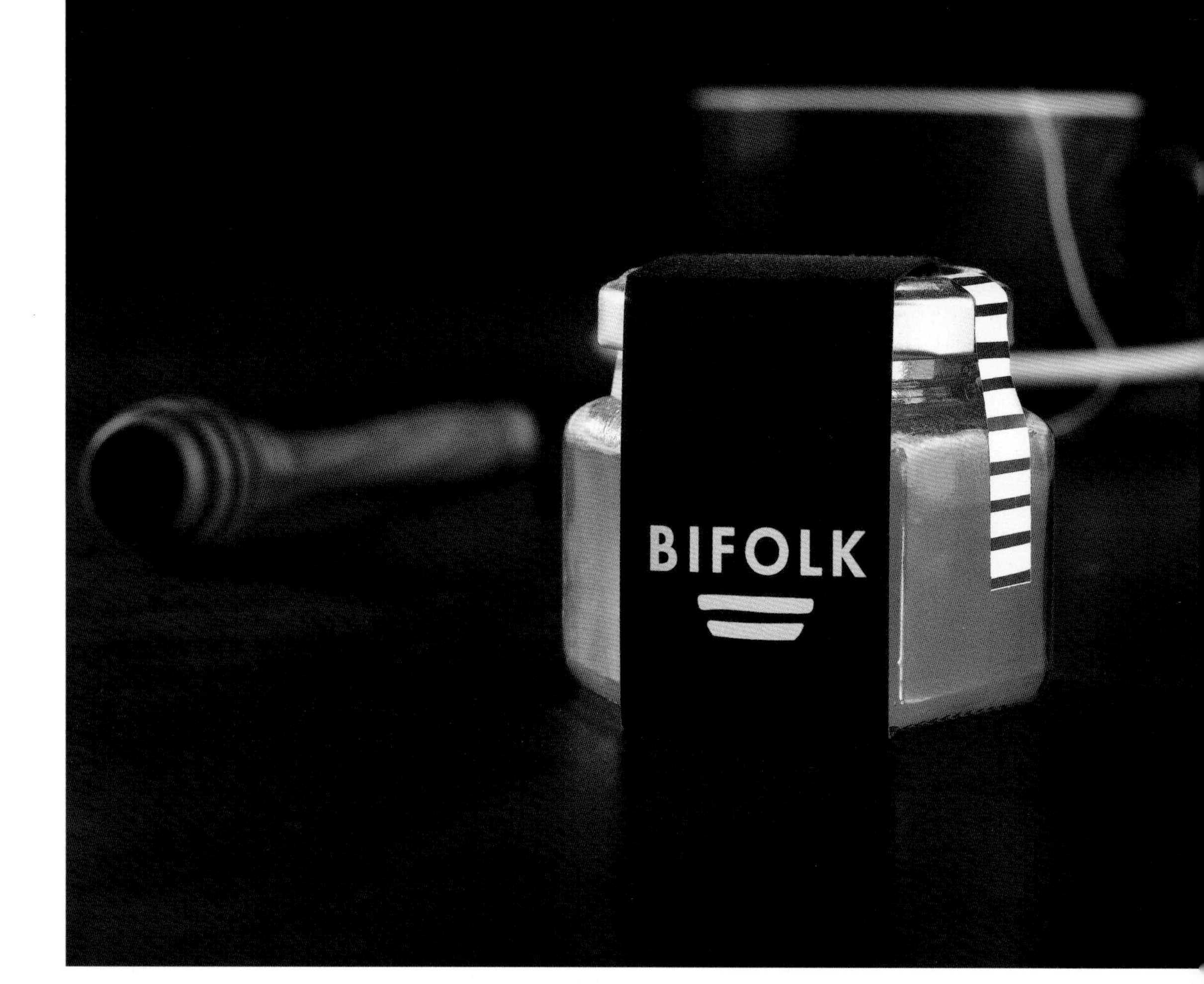

BIFOLK
BIFOLK

BIFOLK

BIFOLK
BIFOLK
BIFOLK

工蜂

设计机构：迪纳摩
创意总监：赛蒙·弗兰克尔

Bifor, 16 kg netto
Fodermiddel
Bifor giver:
En sikker overvintring
God hygiejne
Rationel håndtering
Lavt vandindhold
Næringsindhold:
herof
Sakkarose
Glukose
Fruktose
Vand
37%
19%
19%
25%

OSLO
Epleslang
Naturlig eplemost fra
naboens hage
OSLO
Epleslang
Naturlig eplemost fra
naboens hage

艾普莉兹朗 (Epleslang)

艾普莉兹朗是一款苹果汁。原料为奥斯陆本土私家果园经过精心挑选的苹果。这款产品不仅天然纯净，还具有社会道德意义。因为产品产自本土，而且公司雇用的是一批遭劳动力市场排斥的残疾人。公司想要向被雇用者和大众证明：每个人都有劳动价值。作为一个具有社会影响的公司，艾普莉兹朗专注于为患有身体、心理和社会障碍的残疾人提供工作环境，并带给他们成就感。因此，公司给我们的设计团队提出三点要求：1. 将公司的事迹写在瓶底。2. 苹果挑选者可以在瓶底加上标签。3. 除了规模推广，还需要招募苹果采摘者和花园物业，以发展公司业务。

为了创造吸引人的设计和故事，我们需要为员工制定出一个简便的工作流程。于是，我们设计了一款可以手工完成的包装。这为我们自己带来一次好机会，让我们可以了解更多的产品元素。瓶子的外观是一棵苹果树，这是来自手绘公司（ByHands）彼得－约翰·德·维利尔的手绘插画。字体排印式的插画，为产品的推广提供了可扩展性，为了方便剪切和最大化利用资源，尺寸使用的是简单的 A4 格式。艾普莉兹朗还有重要的故事要讲，因此我们在标签的背面预留了足够的空间让其表达。

设计机构：迪纳摩
创意总监：赛蒙·弗兰克尔
设计师：艾达·艾克罗尔 (Ida Ekroll)、克里斯汀·伍·梅尔娃 (Kristine Five Melvær)
客户：艾普莉兹朗
摄影师：乔·米歇尔·德·菲格雷多 (Jo Michael de Figueiredo)
插画师：彼得－约翰·德·维利尔 (Peter-John de Villiers)

艾普莉兹朗

设计机构：迪纳摩
创意总监：赛蒙 · 弗兰克尔

Kan vi gå på epleslang i hagen din? Registrer deg på epleslang.com
Der kan du registrere eplene dine i kontaktskjemaet. Du kan også sende mail vi@epleslang.com eller ringe oss på 47 82 61 23.
Som hageeier er du en viktig del av bedriften vår, du finner mer info om hva vi kan gjøre for hverandre på websiden vår.
Hva er Epleslang?
Epleslang er Oslos egen eplemost. Mange i byen har flere epler enn de selv kan høste og spise. Vi syns alle epler bør komme til nytte og går derfor på epleslang – etter invitasjon fra snille og gavmilde hageeiere.
Vi skaper
En meningsfull og aktiv jobb
Det fører til
Mindre arbeidsledighet
Kvalitet
Eplene er håndplukket fra nabolagets mange eplesorter. Eplemosten vår er ferskpresset og 100% naturlig. Det er bra for smaken og det er bra for deg!
Som eple-donor får du en redusert pris på eplemosten vår

诺佐拉 (Norzola)

提恩（TINE）是挪威最大的奶制品制造商，而诺佐拉是公司旗下一款蓝色奶酪。前两年，挪威市场上出现了各式各样的蓝色奶酪品牌，竞争日益激烈。提恩找到我们是为了重新定位诺佐拉，让它不仅仅是一款奶酪零食，还要让它成为人们每天做饭的一味佐料。公司希望产品能更加迎合年轻人，同时通过详尽的调查来为产品的定位和包装设计奠定坚实基础。

这款新设计是前卫的，拥有很好的辨识度和视觉效果。插画则显示出日常做饭中使用诺佐拉的几种方式，同时向消费者传达在家烹饪高质量食物的易操作性。提恩的制作体现着高端与传统，产品的新名字和新潮设计的结合使得提恩在国内的销量不断攀升。

设计机构：迪纳摩
创意总监：赛蒙 · 弗兰克尔
设计师：里斯 · 隆宁 (Lis Lonning)
客户：提恩
摄影师：艾娜 C. 霍尔 (Aina C. Hole)
插画：吉勒斯 (Gilles)、塞西莉工作室 (Cecilie Studio)

NORZOLA+
MATLAGING
= SANT
NORZOLA+
MATLAGING
= SANT

YPPERLIG TIL MATLAGING
& SNACKS
NORZOLA
NORSK BLÅMUGGOST – AROMATISK OG FYLDIG
150g
TINE
DRESSING GRILLMAT SAUS
SNACK PIZZA SUPPE
BURGER SALAT DIPP

诺佐拉

设计机构：迪纳摩
创意总监：赛蒙· 弗兰克尔

菲寇姜味麦芽酒
(FICO Ginger Ale)

随着人们对姜汁美味、农场采摘的新鲜健康的食物越发喜爱，菲寇应运而生。这是一款姜味麦芽酒，其独特口味能直达人心。这种美味的姜汁酒的原料都是天然的，经由阿莱奥－霍利克（aleo-holics）团队人工采摘、精心酿造。与提恩合作的农场都不使用杀虫剂和其他毒素进行驱虫，因为提恩推崇原料的有机生长。我们希望将品牌理念融入品牌推广和包装设计之中。而这个新商标通过原料颜色的变化，显示出产品不同的原料和口味。此包装亦展现出品牌背后的故事，让人们知道提恩的产品都是农场新鲜采摘、及时入瓶酿造，最终抵达消费者手中的。

设计机构：烧 (Shao)
设计师：摩尼克 · 托格 (Monnik Togle)
创意总监：特洛伊 · 西托斯塔 (Troy Sitosta)
客户：吉安 · 弗朗西斯科 (Gian Francisco)
文案：劳立丝 · 婵 (Laurice Chan)

GINGER ROOT FROM BUKIDNON

GINGER ROOT FROM BUKIDNON
Harvested farm fresh and meticulously brewed. This tasty ginger mixture is guaranteed all natural and healthy. Produced in a local organic brewery by a dedicated team, each ingredient is handpicked and carefully poured into this bottle of ale.
FICO
Brew Pack
100% Natural
Organic ginger
Real Lemon
Antioxidant
GINGER CRAFT ALES 4X
GINGER CRAFT ALES
FICO
Mint & Ginger
591ml.

菲寇姜味麦芽酒

设计机构：烧
设计师：摩尼克 · 托格

FIC
GINGER
CRAFT
ALES
Peach
& Ginger
591ml.
1 tbsp
15 ml
1 tsp
5 ml

KUSKOS

THE NATURAL SKIN COMPANY

库斯寇斯咖啡磨砂膏（KUSKOS Coffee Scrubs）

库斯寇斯是一款针对菲律宾人皮肤的纯天然咖啡磨砂膏，由顶级护肤品牌的药剂师配制而成，他们认为人们的皮肤需要更天然的护肤品，而非由大量化学药剂制成的产品。而库斯寇斯的原料正是天然无害的。产品的包装根据高端市场定位，瓶身由玻璃制作，铜质的瓶盖采用气压设计以确保产品新鲜。瓶侧的图案是根据系列产品的不同原料设计而成，让消费者容易区分。

设计机构：烧
设计师：特洛伊・西托斯塔
创意总监：特洛伊・西托斯塔
客户：安德瑞・耶 (Andrei Yam)
文案：劳立丝・婵

ALL NATURAL SKIN CARE

库斯寇斯咖啡磨砂膏

设计机构：烧
设计师：特洛伊 · 西托斯塔

Natural ingredients for your skin.
Lorem ipsum dolor sit amet, cursus sit, metus in. Elementum porttitor vitae curabitur dis laoreet amet. Volutpat elit nec, lacus purus. Ut vitae augue libero molestie dolor potenti. Eget facilisis elementum scelerisque, at dapibus, wisi libero viverra in habitant volutpat pellentesque, vel dui donec vitae in dui in, purus pellentesque neque wisi magnis vivamus ut. Congue porttitor. Ipsum at
EST / 2015
ALL NATURAL 100% INGREDIENTS
KUSKOS
THE NATURAL SKIN COMPANY

库斯寇斯咖啡磨砂膏

设计机构：烧
设计师：特洛伊 · 西托斯塔

KUSKOS
All Natural
Coffee Scrub
Exfoliates
& Moisturizes
+ Natural Benefits

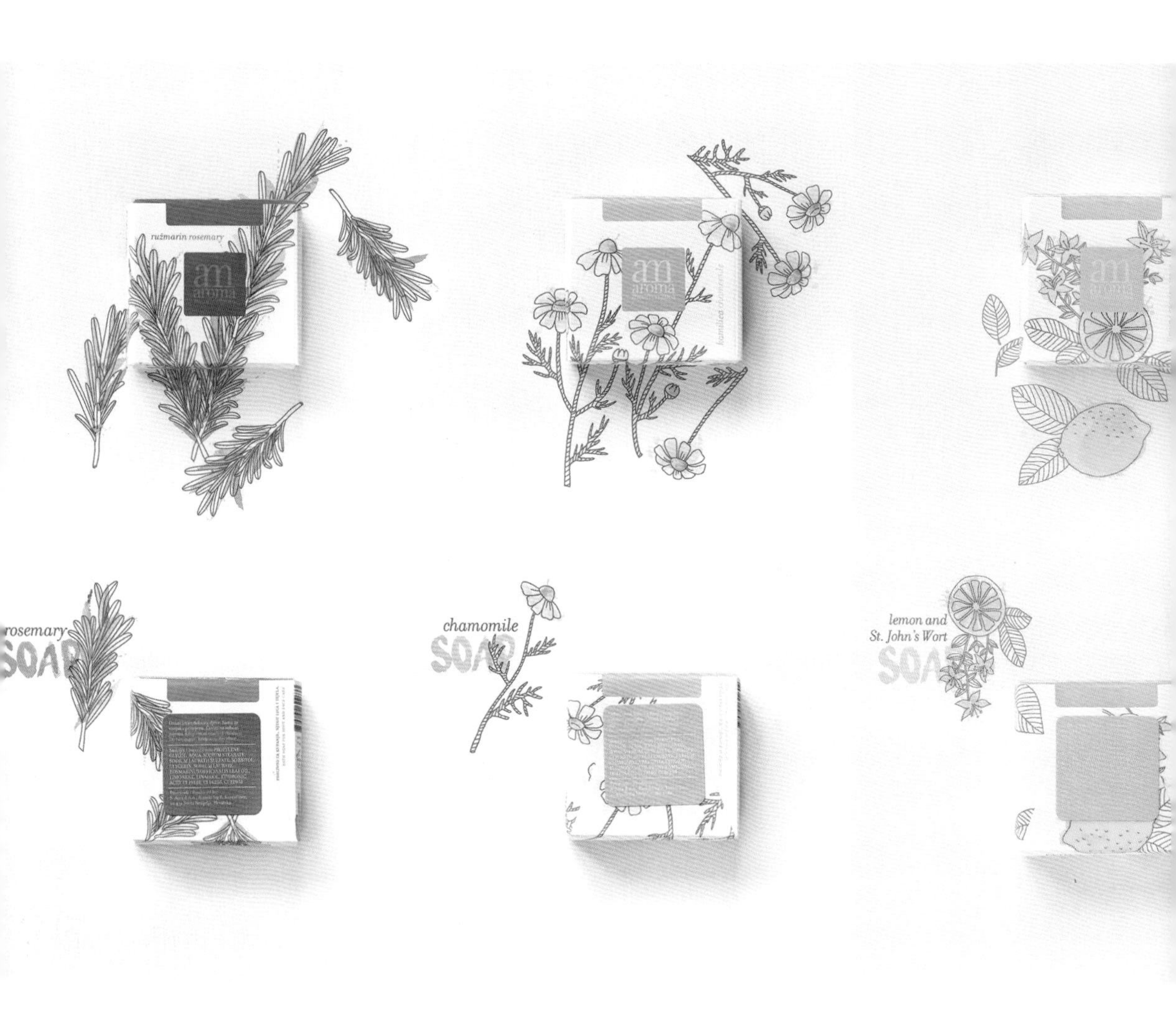

地中海芬芳 (Aroma Mediterranean)

地中海芬芳系列是身体和面部护理产品，由香皂、浴盐和浴油混合而成。这款产品已经上市多年，尽管物美价廉，但销售不理想。我们的任务就是重新设计这一系列产品，使其在货架上更加显眼，更受目标群体的青睐。而我们选择的受众主要是游客、需要购买礼物的人。由于系列产品的原料是地中海植物和水果的提取物，我们的思路就是设计精美的插画，并传递出地中海“精神”。通过鲜艳的色彩，并结合水彩画和绘画技巧，我们就能绘制出植物和水果的精美图案，成功地传达出这种自然的感受。而水彩画则能体现海水、游泳和休闲的感觉。

设计师：伊兹沃卡 · 朱利克 (Izvorka Jurić)、斯德拉 · 寇瓦西克 (Stela Kovačić)
设计机构：伊兹沃卡 · 朱利克设计部
客户：伍杰 (Uje)
摄影师：马佳 · 达尼卡 · 潘卡尼克 (Maja Danica Pečanić)、斯德拉 · 寇瓦西克

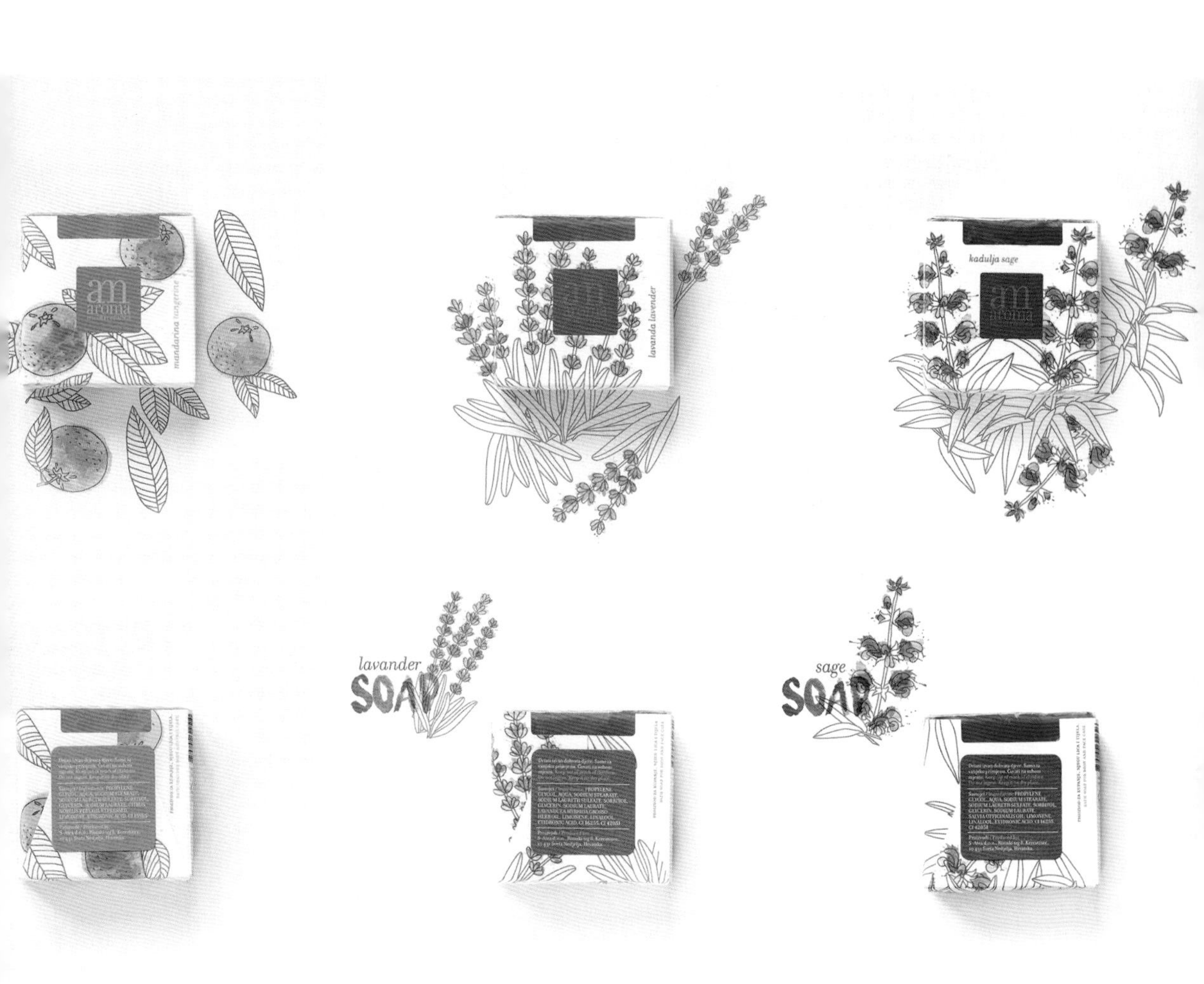
mandarina tangerine
lavanda lavender
kadulja sage
lavander
SOAP
sage
SOAP

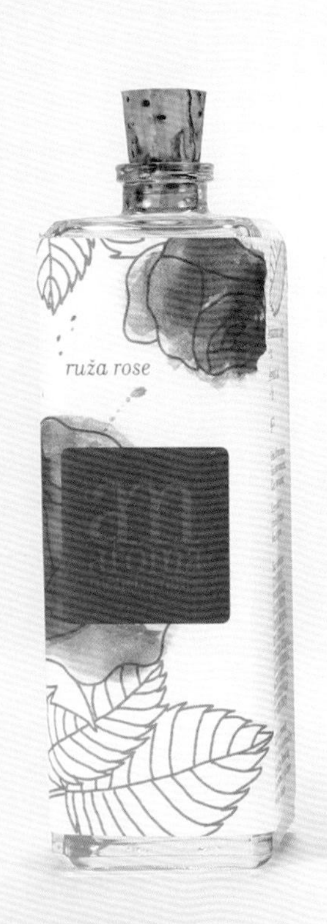
ruža rose

ruža rose

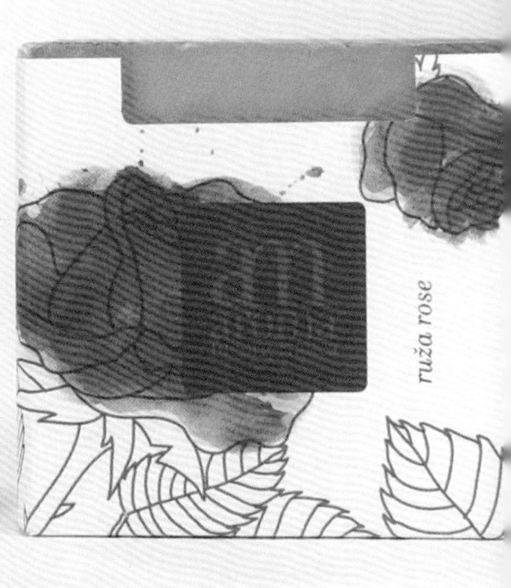
ruža rose

ružmarin rosemary
aroma
kadulja sage

地中海芬芳

设计师：伊兹沃卡 · 朱利克、 斯德拉 · 寇瓦西克

地中海芬芳

设计师：伊兹沃卡 · 朱利克、斯德拉 · 寇瓦西克

ružmarin rosemary
smilje immortelle
am aroma
naranča orange
ruža rose
lavanda lavender

smilje immortelle
am aroma
ruža rose

地中海芬芳

设计师：伊兹沃卡 · 朱利克、斯德拉 · 寇瓦西克

ruža rose

Mirisna sol
~ Ružmarin
Bath salt
~ Rosemary
Mirisna sol
~ Maslina
Bath salt
~ Olive
Mirisna sol
~ Kadulja
Bath salt
~ Sage

布拉奇尔橄榄油包装（Brachia Olive Oil Packaging）

布拉奇尔橄榄油是专为提德瓦杰丹（Tridvajedan）代理商设计的，产自布拉克岛（island of Brač），是克罗地亚橄榄油的高端品牌。橄榄油的原料取自有名的植物育种阿伯利卡（Oblica）。我们的任务就是设计出一款独家包装，突显出橄榄油高端、天然、营养价值高的特质。

这款 0.5 升独家手工包装的产品适合作为礼物或纪念品。它的白色陶瓷包装形似一颗橄榄，瓶颈形似橄榄细枝，上面还附有一个形似橄榄叶的坠饰。这款陶瓷瓶装的橄榄油嵌在木制纸壳内，两者共同放置在一只硬纸盒里面。纸盒内还有一个小小的金属盖，用于挑起木头瓶塞。此产品在市场上非常显眼，因为它能重复使用且外观精致、用途广泛。

设计师：伊兹沃卡 · 朱利克
设计机构：伊兹沃卡 · 朱利克设计部
客户：布拉奇尔 p.z.(Brachia p.z.)
摄影师：马拉登 · 萨里克 (Mladen Šarić)、马佳 · 达尼卡 · 潘卡尼克
生产设计：伊兹沃卡 · 朱利克、杰勒拿 · 哥沃兹达诺维克 (Jelena Gvozdanović)

Brachia

布拉奇尔橄榄油包装

设计师：伊兹沃卡 · 朱利克

Brachia
premium maslinovo ulje
brackih maslinka

CROATIA IN A BOX

So delicious. So Croatian.

盒子里的克罗地亚 (Croatia in a Box)

“盒子里的克罗地亚”是克罗地亚的一款主打礼物和纪念品包装的高端系列产品。产品旨在突显克罗地亚丰富的感官享受。这种定位源自克罗地亚遗迹，比如普莱特 (pleter) 设计、格拉哥里字母表、民间刺绣、建筑装饰等。这些都是通过地中海和克罗地亚大陆标志性的颜色表现出来的。

品牌和商标上下摆放成一个正方形，象征克罗地亚的国家标志，也是品牌的内涵——礼物盒子。各式各样的促销装是这个项目的一部分，共有 4 个尺寸的礼物包装，还根据模块系统设计出 17 个不同的包装组合。所有盒子都印有不同色彩和亚光外表，几何元素的图案讲究地印在整个包装的金箔印纸上，给人一种有趣且高端的感受。盒子里的产品都包裹在各色包装纸内，并附有金色标签。每个包装盒都讲述了一个产品的故事，既有趣又有宣传效果。

设计师：伊兹沃卡 · 朱利克
设计机构：伊兹沃卡 · 朱利克设计部
客户：诶克罗 (Ecolo)
摄影师：马佳 · 达尼卡 · 潘卡尼克
文案：伊戈尔 · 皮特里加 (Igor Poturić)

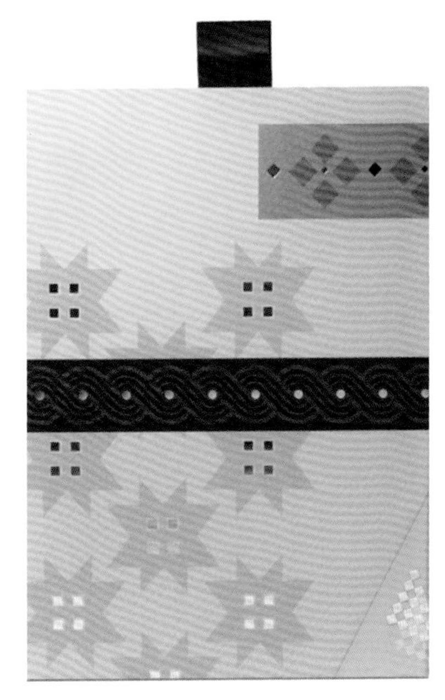

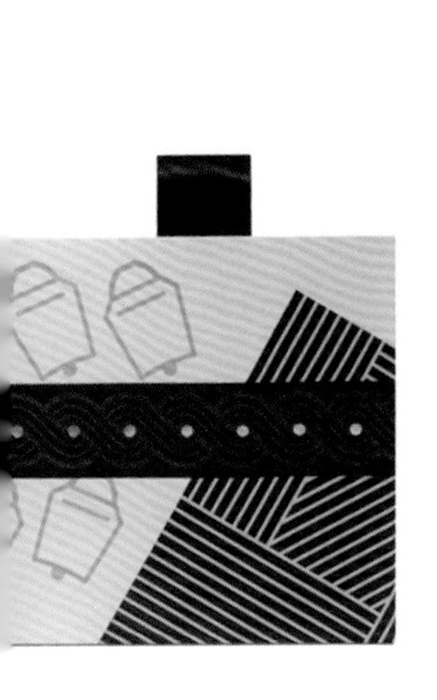

盒子里的克罗地亚

设计师：伊兹沃卡 · 朱利克

CROATIA
IN A BOX
So delicious. So Croatian.
CROATIA
IN A BOX
So delicious. So Croatian.
CROATIA
IN A BOX
So delicious. So Croatian.
CROATIA
IN A BOX
So delicious. So Croatian.

盒子里的克罗地亚

设计师：伊兹沃卡·朱利克

CROATIA
IN A BOX
So delicious. So Croatian.
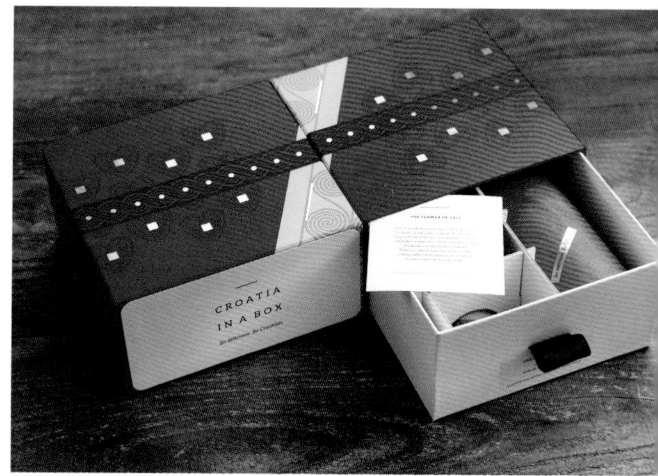
CROATIA
IN A BOX
So delicious. So Croatian.

CROATIA
IN A BOX
So delicious. So Croatian.

杰诺斯 (GENOS)DNA 系列包装

杰诺斯 DNA 测试系列产品用于 DNA 自主采样。包装里有一个测试药签，用于采集口腔黏膜细胞，完成后将样本装进包装密封好，回杰诺斯实验室进行化验分析。此产品的一个基本要求就是外部包装要坚实，避免样本受损。DNA 测试生产线如今包括 6 个产品。产线基于模块系统，以减少生产成本并根据最前沿的基因研发及时推出新产品。产品包装是一个坚实的硬纸管，配有一个亚光黑色属底座和盖子。它里面有产品的所有相关信息，硬纸管上粘着的标签印有名字和 DNA 的具体信息，通过颜色和图片给产品编码。个硬纸管由白色亚光板制作，DNA 链图示上的关键部分用紫外线光漆标注出来，而采样器标签则采用高光材质。为了使消费者方便开，盖子褶皱处的标签经过打孔处理，而标签的坚实材质则能更好地防止包装被轻易打开。

设计师：伊兹沃卡 · 朱利克、杰勒拿 · 哥沃兹达诺维克
设计机构：伊兹沃卡 · 朱利克设计部
客户：杰诺斯
摄影师：马佳 · 达尼卡 · 潘卡尼克

Set sadrži:
1. kolektor
2. upute
3. narudžbenicu
4. zaštitnu kovertu
za slanje uzoraka
na analizu
GENFAT
DNA TEST

Set sadrži:
1. kolektor
2. upute
3. narudžbenicu
4. zaštitnu kovertu
za slanje uzoraka
na analizu
DNA TEST
INTOLERANCIJE
LAKTOZE
GENOS
Set za uzimanje uzoraka za DNA testiranje
Sample Collection Kit for DNA Testing
Set sadrži:
1. kolektor
2. upute
3. narudžbenicu
4. zaštitnu kovertu
za slanje uzoraka
na analizu
GENPERFORM
DNA TEST
GENOS
Set za uzimanje uzoraka za DNA testiranje
Sample Collection Kit for DNA Testing

GENDOG
DNA TEST
GENOS
DNA TEST
FAKTORA
KOAGULACIJE
GENOS
COAGULATION
FACTORS
DNA TEST
GENOS
DNA TEST
INTOLERANCIJE
LAKTOZE
GENOS
GENPERFORM
DNA TEST
GENOS

杰诺斯 DNA 系列包装

设计师：伊兹沃卡 · 朱利克、杰勒拿 · 哥沃兹

GENOS
GENFAT
DNA TEST
DNA TEST
INTOLERANCIJE
LAKTOZE
GENPERFORM
DNA TEST

DNA TEST
INTOLERANCIJE LAKTOZE
GENOS
NARUDŽBENICA
030-005505
Genos d.o.o.
Hondlova 2/11
HR-10000 ZAGREB

DNA TEST
FAKTORA
KOAGULACIJE
GENOS
COAGULATION
FACTORS
DNA TEST

GENPERFORM
DNA TEST
GENOS
GENPERFORM
DNA TEST

Praktično zatvaranje
za dulje trajanje
DOMECA
ŠEĆER
U PRAHU
Neto: 400 g

Praktično zatvaranje
za dulje trajanje
DOMECA
SODA BIKARBONA
Neto: 400 g
DOMECA
LIMUNSKA KISELINA

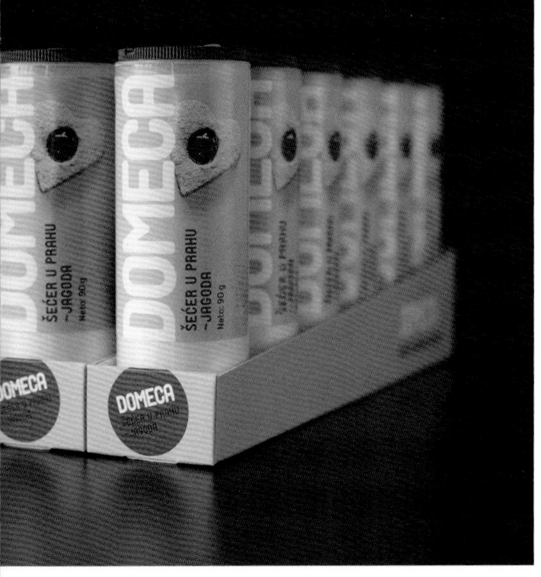

多美卡 (DOMECA)

多美卡系列产品包括糖粉、烘焙苏打和柠檬粉。多美卡糖粉有四个种类，其中三个都是有味道的。这个项目包括全方位的产品设计，从产品名称、品牌定位到包装设计。实用的包装方便产品推广，撕开保护标签、打开产品之后，消费者可以看到瓶子上有三个尺寸的口径可用来倒糖粉。糖粉的视觉效果是通过时尚的凸版印刷结合简单的图片和柔和的色彩打造的。这些图片的目的是为了突显产品，激发消费者的好心情——草莓味的心形曲奇（爱和童年），肉桂味的星形曲奇（冬季圣诞节的欢乐），香草卷（烘焙曲奇的味道就是童年），配有经典糖粉的甜甜圈（甜味小吃，甜蜜生活）。烘焙苏打和柠檬粉的视觉效果由时尚的凸版印刷结合了几何图形和产品描述（柠檬粉和菱形烘焙苏打）来完成。

设计师：伊兹沃卡 · 朱利克
设计机构：伊兹沃卡 · 朱利克设计部
客户：普尼 · 欧库西 (Puni okusi)
摄影师：马佳 · 达尼卡 · 潘卡尼克
产品名称、文案：杰勒拿 · 哥沃兹达诺维克

多美卡

设计师：伊兹沃卡·朱利克

Praktično pakiranje
za lakše doziranje
DOMECA
ŠEĆER
U PRAHU
Neto: 100 g
DOMECA
ŠEĆER
U PRAHU

Praktično pakiranje
za lakše doziranje
DOMECA
ŠEĆER
U PRAHU
Neto: 100 g
DOMECA
ŠEĆER
U PRAHU
DOMECA
ŠEĆER U PRAHU
~CIMET
Neto: 90 g
DOMECA
DOMECA
ŠEĆER U PRAHU
~JAGODA
Neto: 90 g

真实 | 果奶饮品 (Be true | Smoothie)

品牌的主要信息——真诚和真实，呈现于新商标之中。此商标是一个皇冠，形似飞溅而出的果奶饮品。美纹纸面上呈现着此商标和泼溅造型，突显出品牌的独特魅力。包装纸两端重合处的图案形似一棵果树，这是一个重要的图形补充设计。

设计师：帕瓦 · 楚奇纳 (Pavla Chuykina)
设计机构：斯都蒂欧 (STUDIOIN)
创意总监：亚瑟 · 施莱伯 (Arthur Schreiber)
客户：真实
摄影师：帕维尔 · 古滨 (Pavel Gubin)

be true
МАЛИНА
ЕЖЕВИКА
смузи

be true
АПЕЛЬСИН

be true
МАЛИНА
ЕЖЕВИКА
смузи
1/2 ×
1/2 ×
1 1/2 ×
4 601241 009638

00900616
LIMITED
NATURAL & REBELIOUS
GET TO PARADISE, I'LL BRING IT TO YOU
HOMEBUSH
GIN
46,7% ALC (93.4 PROOF)

00900616
LIMITED
NATURAL & REBELIOUS
GET TO PARADISE, I'LL

霍姆布什 | 杜松子酒 (Homebush | Gin)

阴影之下发生了什么？当日光褪去，坏事即将发生。听起来很戏剧化，但也并没有那么坏！事实上，我们相信阴影里的生活是与众不同的。你永远不会知道小偷、罪犯、走私者的隐晦生活，除非你是个探险家。

设计师：戈亚 · 阿克美兹亚诺瓦 (Galya Akhmetzyanova)、帕瓦 · 楚奇纳
设计机构：宾伯姆一寻乐思维 (BimBom — ideas for fun)
摄影师：帕维尔 · 古滨

GIN
NATURAL & REBELLIOUS
GET TO PARADISE, I'LL BRING IT TO YOU
HOMEBUSH
GIN
46,7% ALC (93,4 PROOF)

ILLEGAL SEAFARING ASSOCIATION
HB

霍姆布什 | 杜松子酒

设计师：戈亚 · 阿克美兹亚诺瓦、帕瓦 · 楚奇纳

ROLL AROUND HIT THE GROUND
60%
0.6L
ABSINTHE
BERMUDA
TRIANGLE

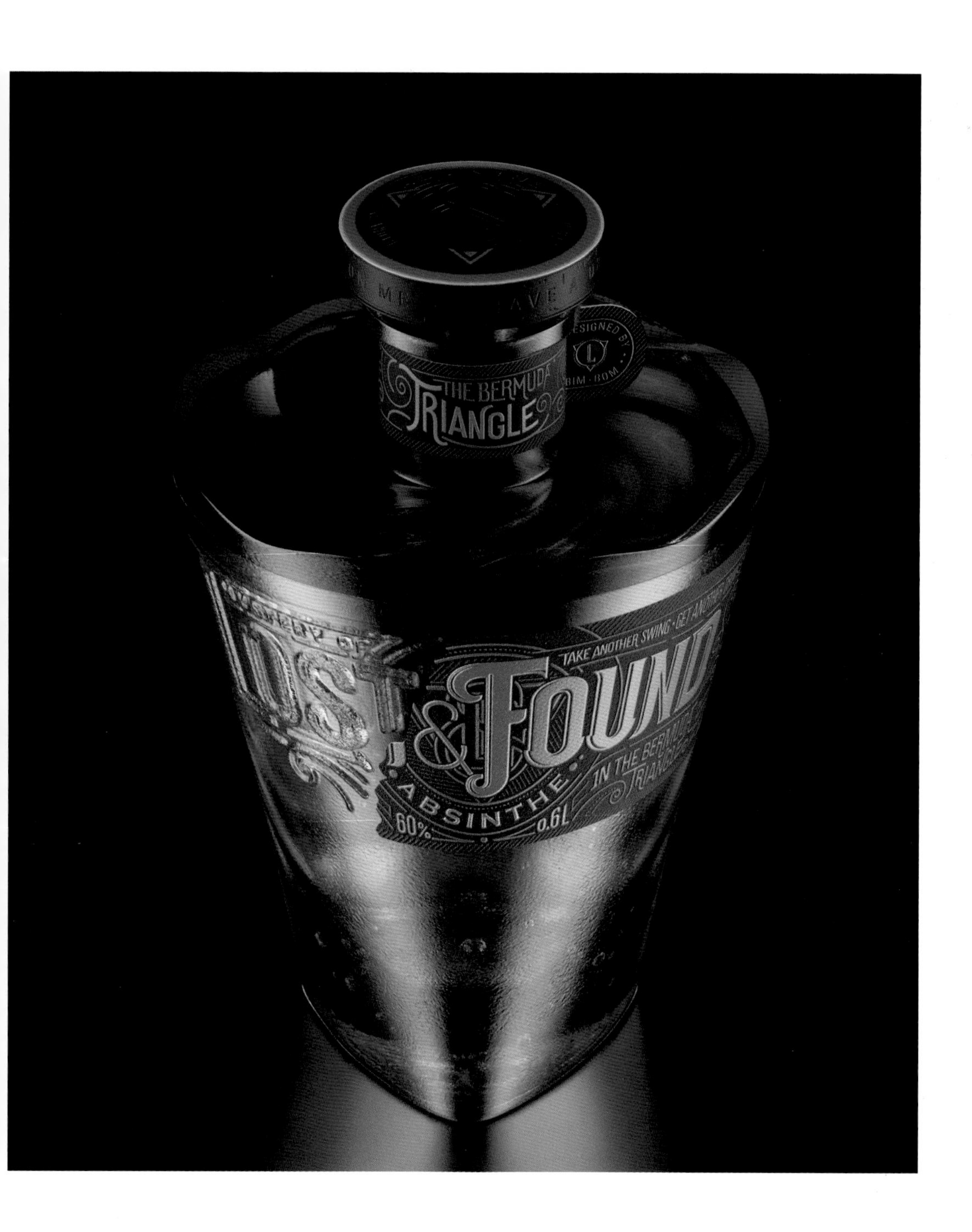

遗失 & 寻找 (Lost & Found) | 苦艾酒

无数海上研究人员试图解开百慕大三角洲的秘密——在大西洋北部的海面上发生了许多不明失踪事件。2015 年，出现了一个新的解释：苦艾酒就是原因。也许，这是多起失踪案和模糊真相最吸引人的解释。

设计师：戈亚 · 阿克美兹亚诺瓦、帕瓦 · 楚奇纳
设计机构：宾伯姆一寻乐思维
摄影师：帕维尔 · 古滨

遗失 & 寻找 | 苦艾酒

设计师：戈亚 · 阿克美兹亚诺瓦、帕瓦 · 楚奇纳

ROLL AROUND HIT THE GROUND
60%
0.6L
ABSINTHE

TAKE ANOTHER SWING
ABSINTHE
60%
0.6L
IN THE
TRIANGLE

ABSINTHE
SWING
GET ANOTHER

SWING

遗失 & 寻找 | 苦艾酒

设计师：戈亚·阿克美兹亚诺瓦、
帕瓦·楚奇纳

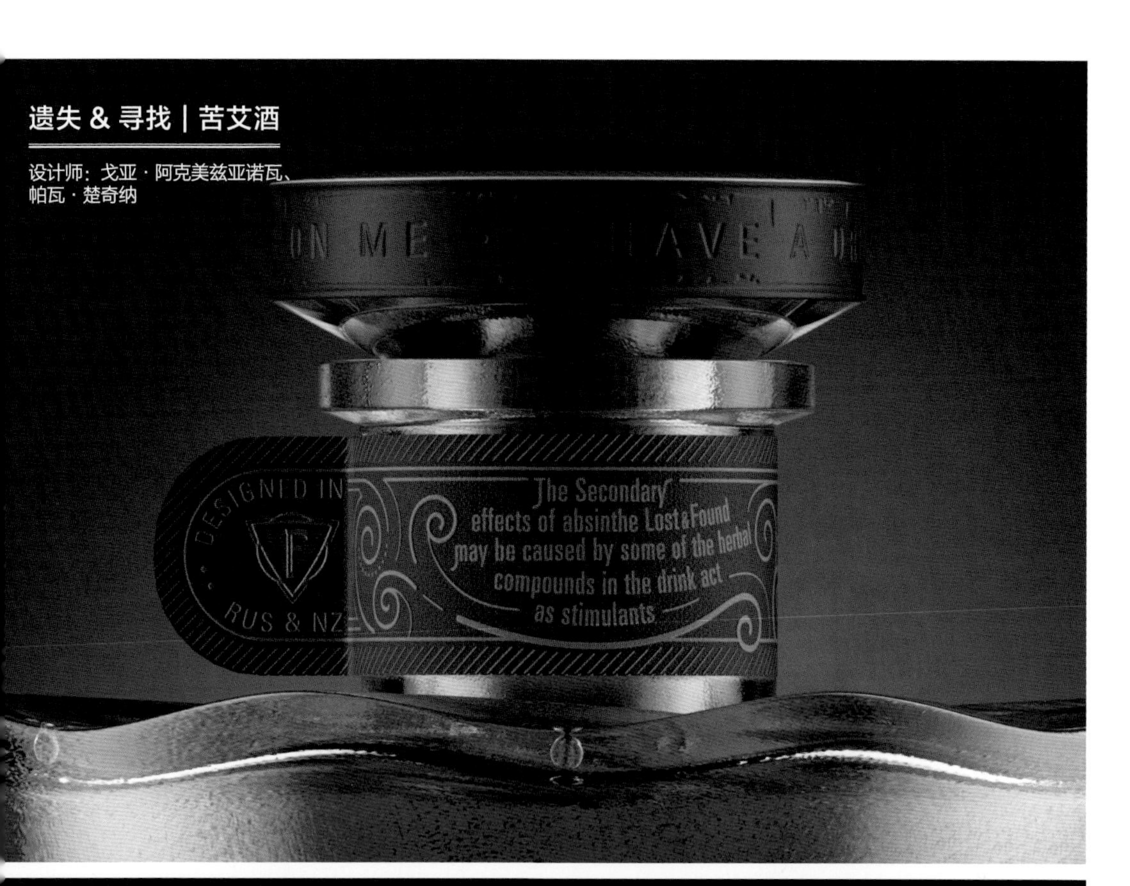

不存在的伏特加（Nonexistent Vodka）

第一眼可能会让人混乱，但这小小的一瓶酒比它看上去要复杂得多。让我们换一种视角，让不存在的变成现实。不管它是什么，幻觉还是伪装，你自己来看！

设计师：戈亚·阿克美兹亚诺瓦、帕瓦·楚奇纳
设计机构：宾伯姆一寻乐思维
摄影师：帕维尔·古滨

NO MORE
THAN ILLUSION
DESIGNED BY BIM&BOM
GOVERNMENT WARNING:
ACCORDING TO THE SURGEON GENERAL, WOMEN SHOULD NOT DRINK ALCOHOLIC BEVERAGES DURING PREGNANCY BECAUSE OF THE RISK OF BIRTH DEFECTS.CONSUMPTION OF ALCOHOLIC BEVERAGES IMPAIRS YOUR ABILITY TO DRIVE A CAR OR OPERATE MACHI-NERY AND MAY CAUSE HEALTH PROBLEMS.
45°
RU/NZ
HONEY
VODKA
HIGH QUALITY
CLEAR TASTE
500 ML
4 600026 013877

NON
EXISTENT
TOMATO
VODKA
NO MORE
THAN ILLUSION
DESIGNED BY BIM&BOM
GOVERNMENT WARNING:
45°
RU/NZ
TOMATO
VODKA
4 600026 013877

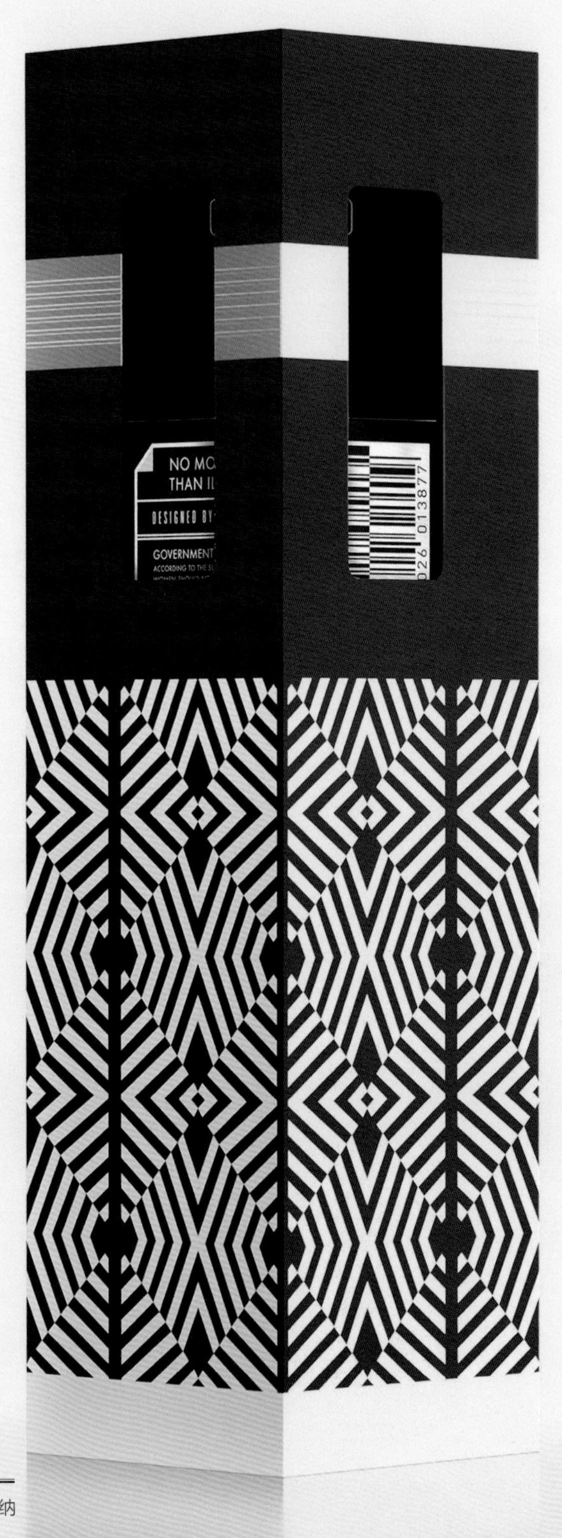

不存在的伏特加

设计师：戈亚·阿克美兹亚诺瓦、帕瓦·楚奇纳

HONEY
VODKA
ENT
NOW YOU SEE ME

CHOCOLATE
MADE BY YOU
COLLECTION OF CHOCOLATE
ORGANIC
БЕЗ ГМО
GMO FREE ZONE
КОНСЕРВАНТОВ
HANDMADE
ORGANIC
БЕЗ ГМО
GMO FREE ZONE
КОНСЕРВАНТОВ
HANDMADE
ПРОИЗВОДИТЕЛЬ: ООО «ОНЛАЙН КОНДИТЕРСКАЯ МИКСВИЛЬ»
РОССИЯ, 109316, МОСКВА, УЛ. ТАЛАЛИХИНА, 41, СТР. 59
Т.: 8 (495) 374 70 87
www.mixville.ru
-2°
+4°
Хранить при температуре от -2° до +4°
и относительной влажности воздуха
не более 75%.
Не подвергать воздействию
прямого солнечного света.
ТУ 9135-002-09919609-2014
С любовью,
Ali Belloum,
Шеф-повар

梅尔维尔 (Mixville)| 甜品

奥列格 · 古兹克伏是梅尔维尔甜品的所有者。两年前，他想要送朋友一份令人惊喜的巧克力礼物。然而，找了半天只能找到大商场的一些巧克力。于是，奥列格有了一个想法，那就是让消费者自己来做巧克力。两年之后，这个创业公司成功了。
除了让消费者自己设计他们独一无二的巧克力外，公司还为大小庆典活动提供所有系列甜品。
听完奥列格的创业激情，我们也想要设计出一些新颖独特、亲切可人的东西。几何形状使得包装看上去很时尚。另一方面，一些充满生机的设计元素，比如喝茶、喝咖啡的乐趣，为图片添加了一些幽默生趣。

设计师：戈亚 · 阿克美兹亚诺瓦、帕瓦 · 楚奇纳
客户：梅尔维尔甜品
摄影师：马克西姆 · 卡达守伏 (Maxim Kadashov)

MACARONS
ПРОИЗВОДИТЕЛЬ: ООО «ОНЛАЙН КОНДИТЕРСКАЯ МИКСВИЛЬ»
РОССИЯ, 109316, МОСКВА, УЛ. ТАЛАЛИХИНА, 41, СТР. 59
Т.: 8 (495) 374 70 87 | www.mixville.ru
ЕАС
0°
Хранить в холодильнике при температуре от 0° до +6°
+6°
Относительной влажности воздуха не более 75%.
СРОК ГОДНОСТИ:
120
часов
ОТ ДАТЫ ИЗГОТОВЛЕНИЯ

梅尔维尔 | 甜品

设计师：戈亚 · 阿克美兹亚诺瓦、帕瓦 · 楚奇纳

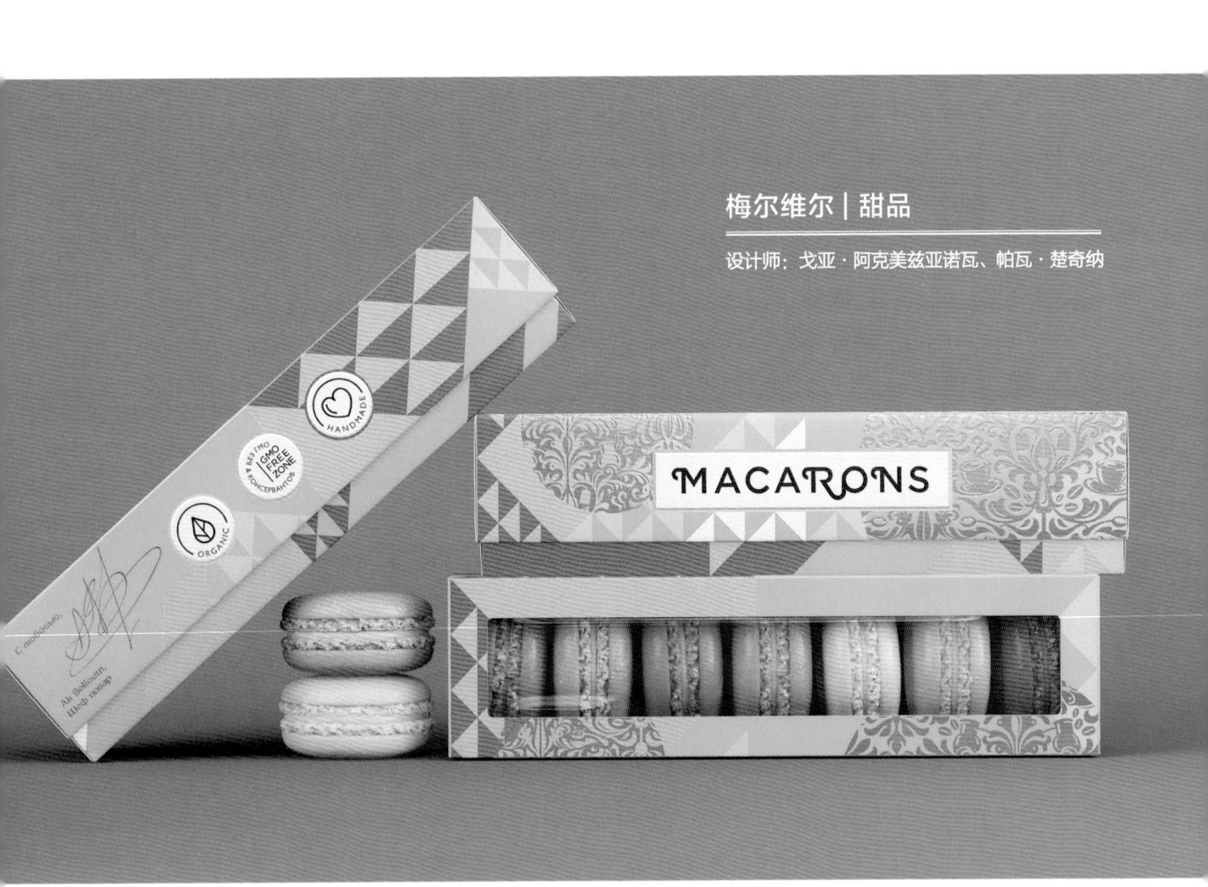

COMON
SAVA
ВИНО СТОЛОВОЕ КРАСНОЕ
WINE ПОЛУСЛАДКОЕ
Red
ИЗАБЕЛЛА
АЛК. 9-11% ОБ.
САХАР 30-40 Г/ДМ³
COMON
SAVA
ВИНО СТОЛОВОЕ КРАСНОЕ
WINE ПОЛУСЛАДКОЕ
Red
ОБЪЕМ 1 Л.
4 601241 009638
ПРОИЗВЕДЕНО В РОССИИ
ИЗГОТОВИТЕЛЬ: ООО «ВИНО-ГРАНДЕ», РОССИЯ, 171271, ТВЕРСКАЯ ОБЛ., КОНАКОВСКИЙ Р-ОН, ПГТ. НОВОЗАВИДОВСКИЙ, ПЕРВОМАЙСКИЙ ПЕРЕУЛОК,1. ТЕЛ/ФАКС: (48242) 2-19-45, 2-17-92
ОТДЕЛ ПРОДАЖ: (495) 994-45-61

COMON
SAVA
ВИНО СТОЛОВОЕ КРАСНОЕ
WINE ПОЛУСЛАДКОЕ
Red
КАБЕРНЕ
АЛК. 9-11% ОБ.
САХАР 30-40 Г/ДМ³
COMON
SAVA
ВИНО СТОЛОВОЕ КРАСНОЕ
WINE ПОЛУСЛАДКОЕ
Red
ИЗАБЕЛЛА
АЛК. 9-11% ОБ.
САХАР 30-40 Г/ДМ³
COMON
SAVA
ВИНО СТОЛОВОЕ БЕЛОЕ
WINE ПОЛУСЛАДКОЕ
White
МУСКАТ
АЛК. 9-11% ОБ.
САХАР 30-40 Г/ДМ³
ШАРДОНЕ
АЛК. 9-11% ОБ.
САХАР 30-40 Г/ДМ³

寇蒙·萨瓦 | 葡萄酒

这款产品来自法文问候语“Comment ça va”，听起来像是俄语“sova”（猫头鹰），加上“comon”听起来像“sova 加油”，意思是“猫头鹰加油”！这种谐音与产品很相配，因为包装上的主角就是猫头鹰。有趣的是，通常这种四角包装的葡萄酒会摆放在商店的低层货架上，消费者要低头才能看见。从上往下看时，你的确很难想象出包装上美丽的意大利风景和鲜嫩多汁的葡萄。

设计师：帕瓦·楚奇纳
设计机构：斯都蒂欧
创意总监：亚瑟·施莱伯
客户：维诺·格兰德
摄影师：马克西姆·卡达守伏

席尔瓦 · 尼格瓦 (Silva Nigra)

席尔瓦 · 尼格瓦是一款独特的威士忌品牌，发源于德国的黑森林，每年仅产出 1440 瓶。为设计出一个有竞争力的品牌形象，我们在标签上绘制酿酒厂周边的地形图。每瓶酒都有自己的编号、生产日期和装酒人的签名，这些让产品显得与众不同。

设计师：吉恩 · 伯姆 (Jean Böhm)
设计总监：吉恩 · 伯姆

N 47° 47' 42.2" O 8° 14' 40.4"
Silva Nigra
Single Malt Whiskey
Since 1791
43%vol
Flasche
7/8 /1440
Datum
29.06.15
Abgefüllt von

Silva Nigra
SINGLE MALT WHISKY
DESTILLED AND MATURED
IN THE
BLACK FOREST
since 1791
43%vol.
70 cl
800m

Silva Nigra
SINGLE MALT WHISKY
DESTILLED AND MATURED
IN THE
BLACK FOREST
since 1791
43%vol.
70 cl
800m

席尔瓦·尼格瓦

设计师：吉恩·伯姆
设计总监：吉恩·伯姆

Nigra
N47° 47' 42.2" O8° 14' 40.9"

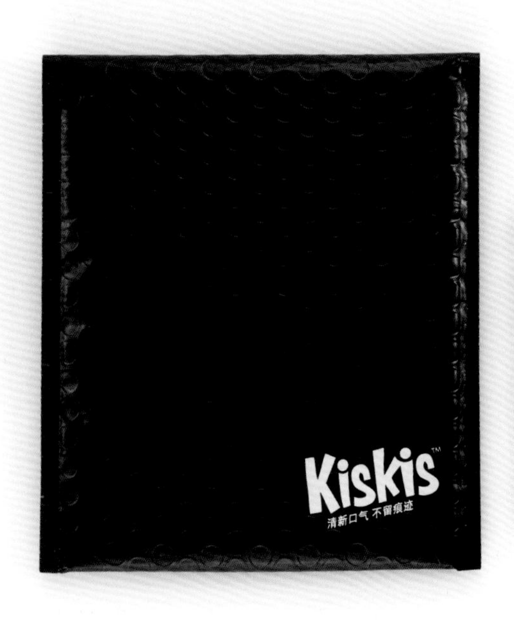

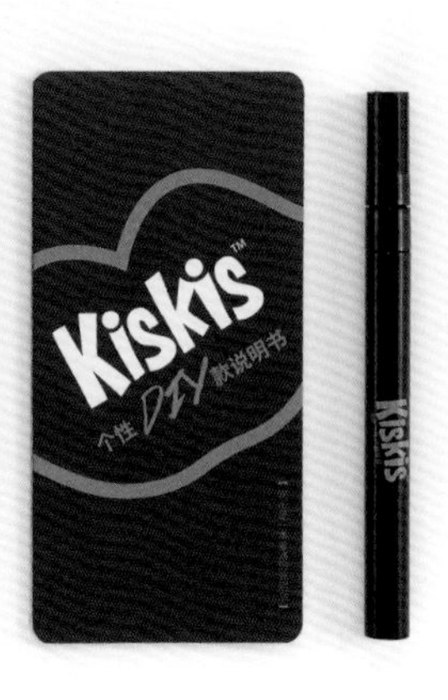

酷滋薄荷糖 (KisKis Candy)

为配合年轻人爱表现自我本色的个性，酷滋最新的“个性版本薄荷糖”给消费者提供了一个更能“彰显个性，耍帅的潮流单品”。不同于大多数五颜六色的泡泡糖或其他薄荷糖包装设计，酷滋为其限量版薄荷糖选择了一款别致的黑色包装设计。设计主要以中文涂鸦式字体作为重点，并随盒附赠一支不掉色的涂鸦笔，让消费者 DIY 世界上独一无二，专属于自己的个性薄荷糖。盒子上方小小的橡胶盖就是开口处，如同一张嘴，正好符合“KisKis”的品牌名称。

设计机构：盒子品牌设计有限公司
设计师：卢伟光
艺术总监：钟茵
摄影师：梁裕霖
插画师：邝志文
客户：格瑞兄弟糖果有限公司

KisKis
清新口气 不留痕迹
【范儿】 如果有范儿是种过错，那我早已恶贯满盈
TEMPERAMENT
KisKis
清新口气 不留痕迹
【任性】 一切随变，并不代表可以随随便便
WILFUL

KisKis
WILFUL
TEMPERAMENT
KisKis
清新口气 不留痕迹

握握 (WOWO) 包装

倍轻松旗下子品牌“握握”智能按摩手套，模拟真人人手按摩，通过气压挤压手部穴位而达到养生保健的效果。包装盒使用了点和线的设计，呈现出人体在适当的穴位按摩下能够有血脉流通的感觉。包装盒设计更突破传统按摩机包装，以简约高端科技感风格去迎合现今时代科技产品的趋势。

设计机构：盒子品牌设计有限公司
设计师：陈珍妮
创意总监：卢伟光
艺术总监：钟茵
客户：深圳市倍轻松科技股份有限公司

WOWO

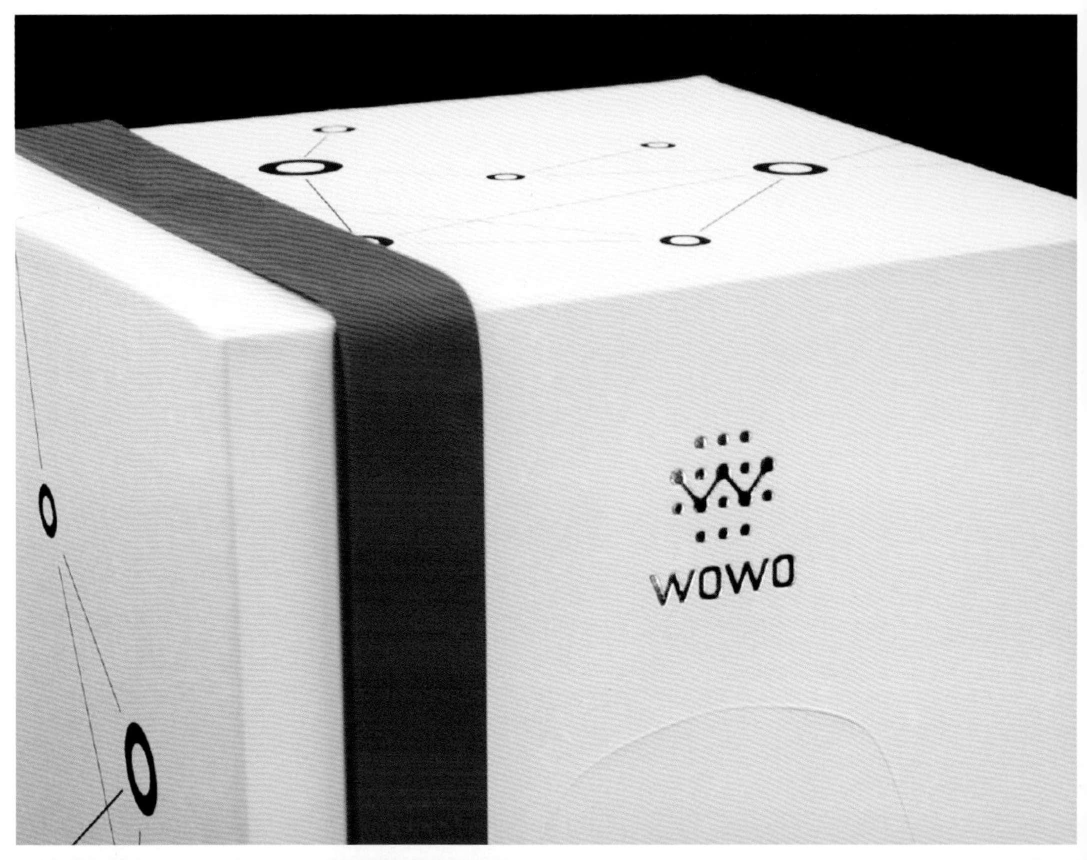

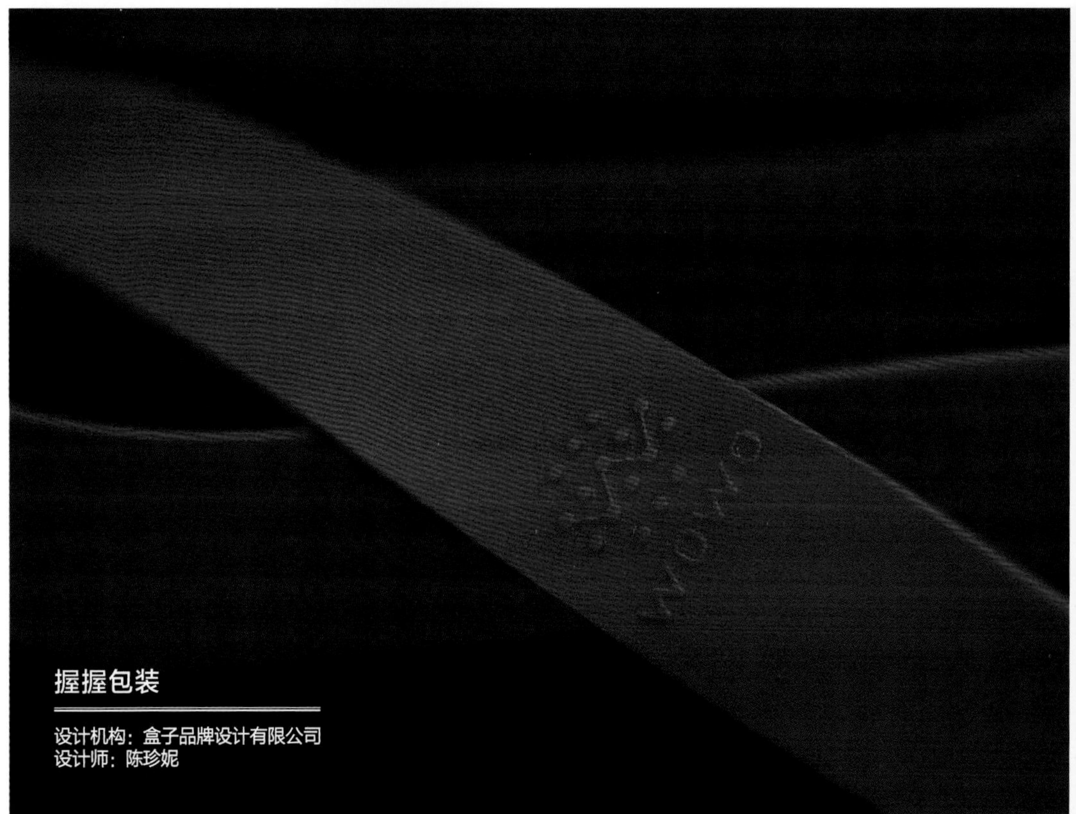

握握包装

设计机构：盒子品牌设计有限公司
设计师：陈珍妮

WOWO

WOWO
WOWO
握握，触碰心与心。
Transfer Love

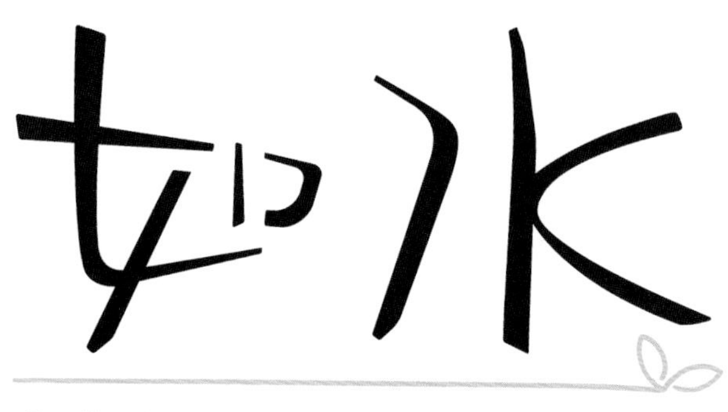

如水 (Green Catch)

“如水”为花清枫旗下的重点热门品牌，重塑品牌形象不单因为品牌形象老化，更是想借着品牌更新，从产品到整体形象，把水养植物品牌提高至新高度，摆脱同行业同质化的困扰。全新的产品外观设计，把“如水”提升到家居饰品的层次。全新包装设计从全方位考虑，从运输安全、实用美观到顾及顾客的不同需求，以此强化品牌跟消费者之间的沟通，让“如水”在芸芸植物电子商务品牌当中突显鲜明个性。

设计机构：盒子品牌设计有限公司
设计师：沈泰勒
创意总监：卢伟光
艺术总监：钟茵
摄影师：梁裕霖
客户：花清枫

如水
GREEN CATCH

如水
GREEN CATCH

如水
GREEN CATCH
产品说明书
植之简单，上善如水

如水

设计机构：盒子品牌设计有限公司
设计师：沈泰勒

林奇苑
LKY TEA
普洱
Pu Erh Tea

林奇苑
LKY TEA
鐵觀音
Tieguanyin Tea

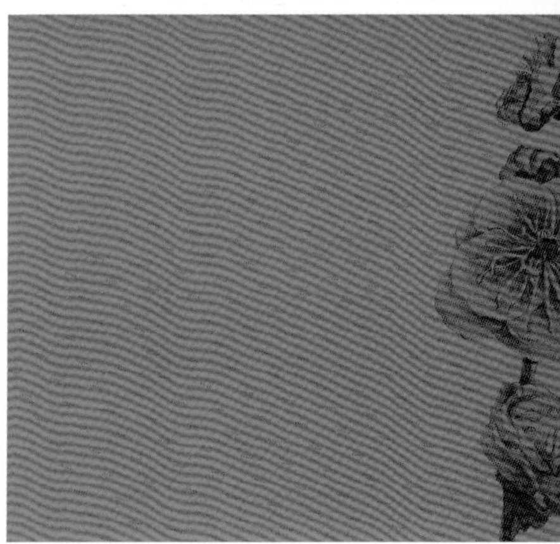

林奇苑茶

此产品致力于吸引年轻人尝试传统茶艺。我们在包装上邀请了四君子：梅、兰、竹、菊。我们给其涂上亮色，增添时尚而富有生机的感觉。如果你有“四君子套装”，你一定不想错过这四种茶的味道。

设计机构：盒子品牌设计有限公司
设计师：严思妍
创意总监：卢伟光
艺术总监：钟茵
客户：林奇苑茶行

普洱茶
舞馬賦
甲午年 — 十二生肖系列
林奇苑
林奇苑茶行有限公司
LAM KEI YUEN TEA CO. LTD
www.lkytea.com

普洱茶
舞馬賦
普洱茶
舞馬賦

林奇苑茶 | 马年茶饼

当我们谈到和马相关的艺术品时，三色釉陶瓷马应该是最上乘的作品。马年茶饼的设计是基于唐朝时代背景。图案、色彩和绘画风格都是效仿唐代风格。我们注入现代的时尚风格，同时也结合了传统元素，让其与众不同、别具一格。

设计机构：盒子品牌设计有限公司
设计师：邓丽玲
创意总监：卢伟光
艺术总监：钟茵
客户：林奇苑茶行

林奇苑茶 | 羊年茶饼

中国羊年，盒子公司设计了一款茶饼包装，以延续林奇苑为中国农历新年设计产品的惯例。设计理念来自中国的祝福语“三羊开泰”，汉代翡翠的设计元素突显了传统古老的感觉和古色古香的包装质地。

设计机构：盒子品牌设计有限公司
设计师：邓丽玲
创意总监：卢伟光
艺术总监：钟茵
客户：林奇苑茶行

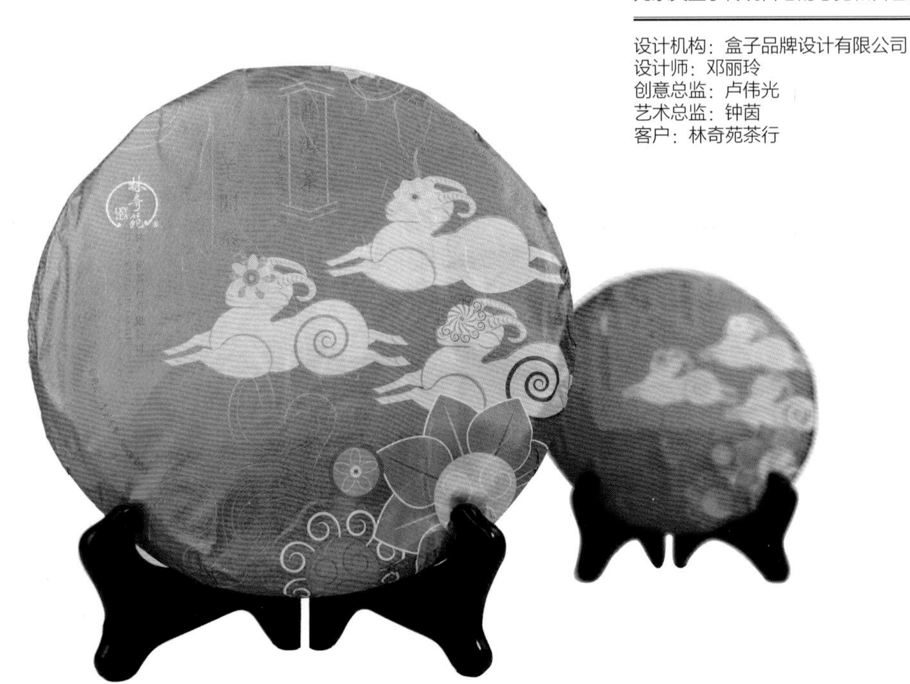

林奇苑茶 | 猴年茶饼

猴子在中国文化中扮演了重要角色。图案设计寓意财运当头，在事业上取得成就。

设计机构：盒子品牌设计有限公司
设计师：邓丽玲
创意总监：卢伟光
艺术总监：钟茵
客户：林奇苑茶行

林奇苑茶 | 礼物盒包装

这个设计理念源自中国园林风格。参考具有装饰功能的独特园林窗户结构，将现代建筑风格融入茶礼包装，呈现出对顾客的亲切问候。

设计机构：盒子品牌设计有限公司
设计师：邓丽玲
创意总监：卢伟光
艺术总监：钟茵
客户：林奇苑茶行

林奇苑
LKY TEA

好年好礼——丙申年利是封

这是一种祝福，寓意希望和力量。在新春来临的欢喜时刻，献上一份独一无二的“好礼”来表达美好祝愿，在“好”的时刻留下“美好”的回忆，陪伴生活上的重要时刻，分享你“美好”生活中的期许和体验。

设计机构：盒子品牌设计有限公司
设计师：卢伟光、陈凯润、林夏
创意总监：卢伟光
艺术总监：钟茵
摄影师：梁裕霖

花紅錦繡
千紅萬户
魚躍紅門

喜盒
春联
福貼
窗花

喜物·年品

“喜物·年品”的设计基于中国传统文化，并融合现代艺术语言。作为一个创新型的文化产品品牌，“喜物·年品”主打中国传统节日礼物。我们尊重传统文化，更重视创新。我们追求完美的视觉体验，重视消费者的感受。我们希望能提升顾客的生活质量。感谢您的支持，并期待您的长期支持。

设计机构：盛和创亿品牌设计机构
设计师：胡永和

Dove

喜物·年品

设计机构：盛和创亿品牌设计机构
设计师：胡永和

喜物·年品

设计机构：盛和创亿品牌设计
设计师：胡永和

JOKER
JOKER
3

福照家門萬

福照家門萬事興

喜物·年品

设计机构：盛和创亿品牌设计机构
设计师：胡永和

Smooth Touch
for gentle lover
3-pack female condom
LILY
BLOOM™

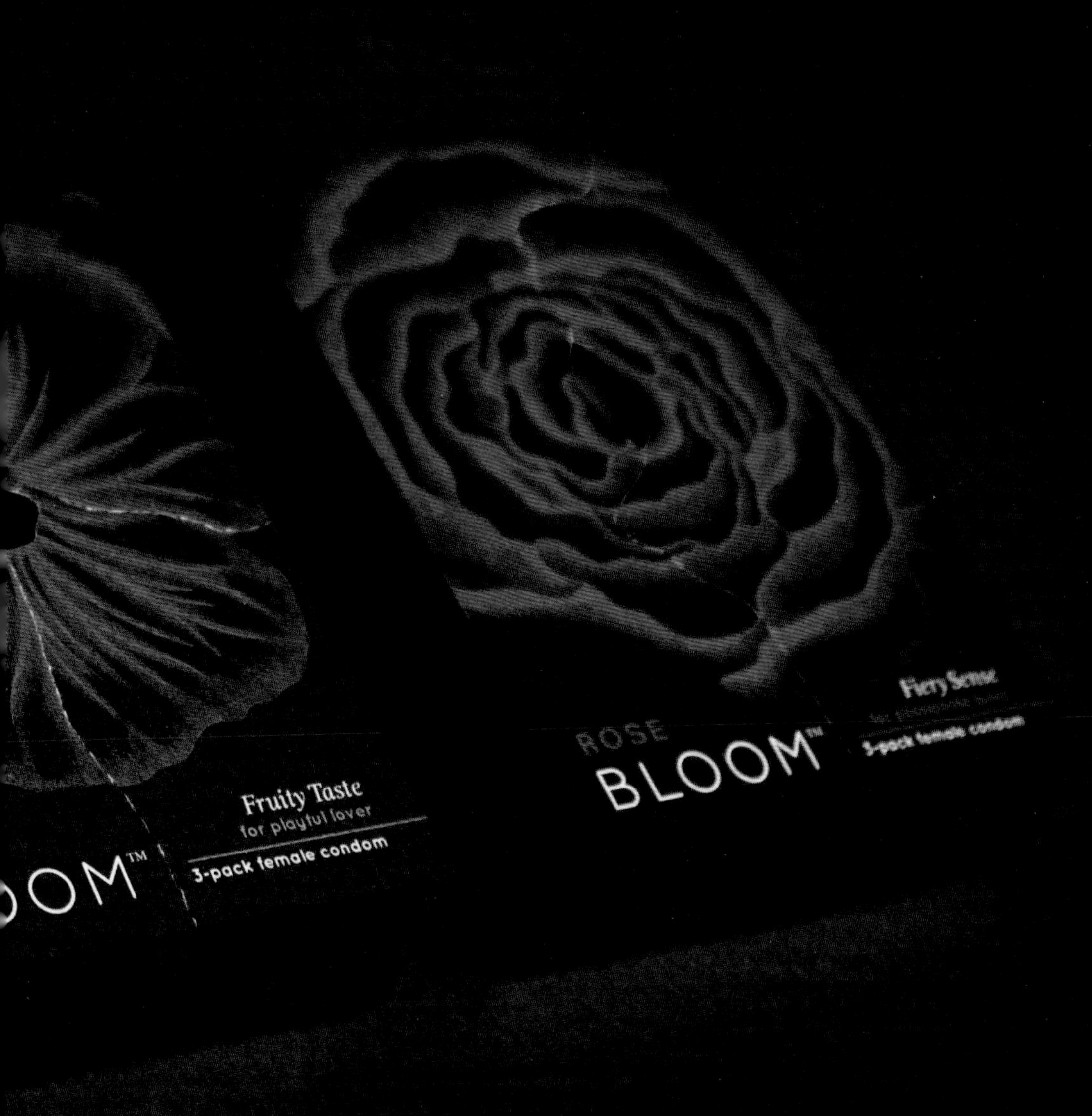

绽放女士避孕套（Bloom Female Condom）

此产品是普瑞特艺术学院 (Pratt Institute) 的校园项目。该设计将花朵作为女性的象征，重视客户体验。

设计师：刘晓月
摄影师：刘晓月

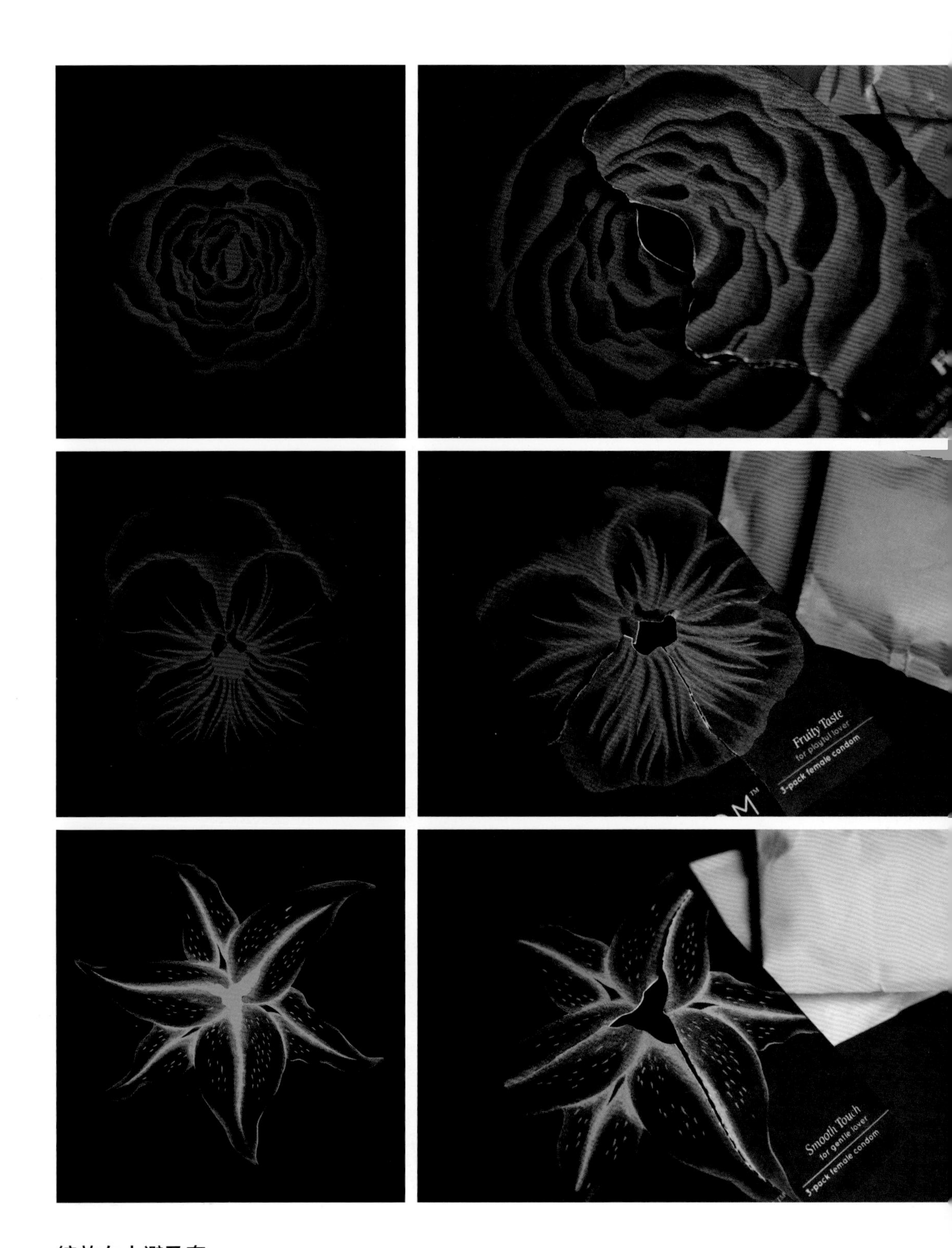

绽放女士避孕套

设计师：刘晓月
摄影师：刘晓月

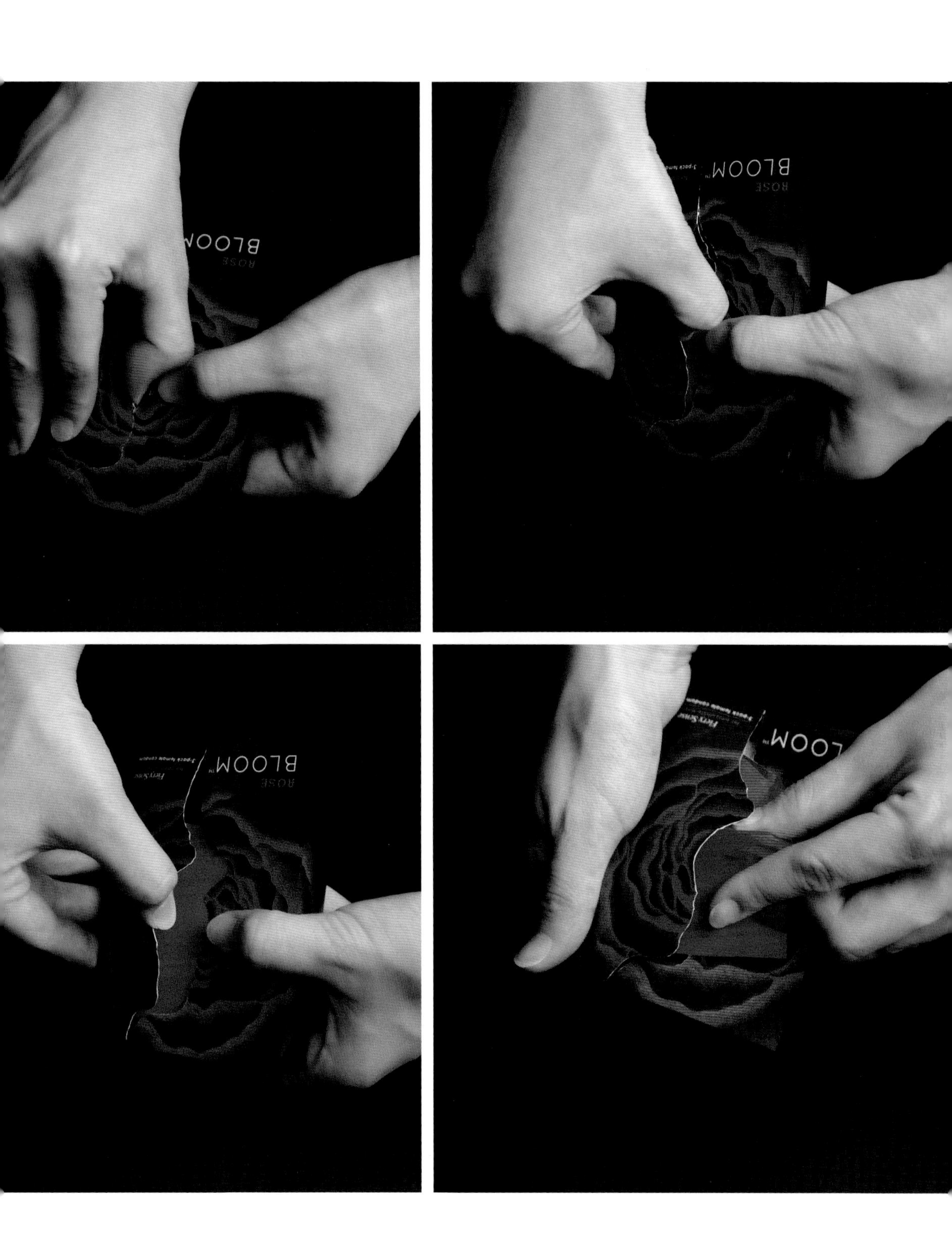
BLOOM™
ROSE

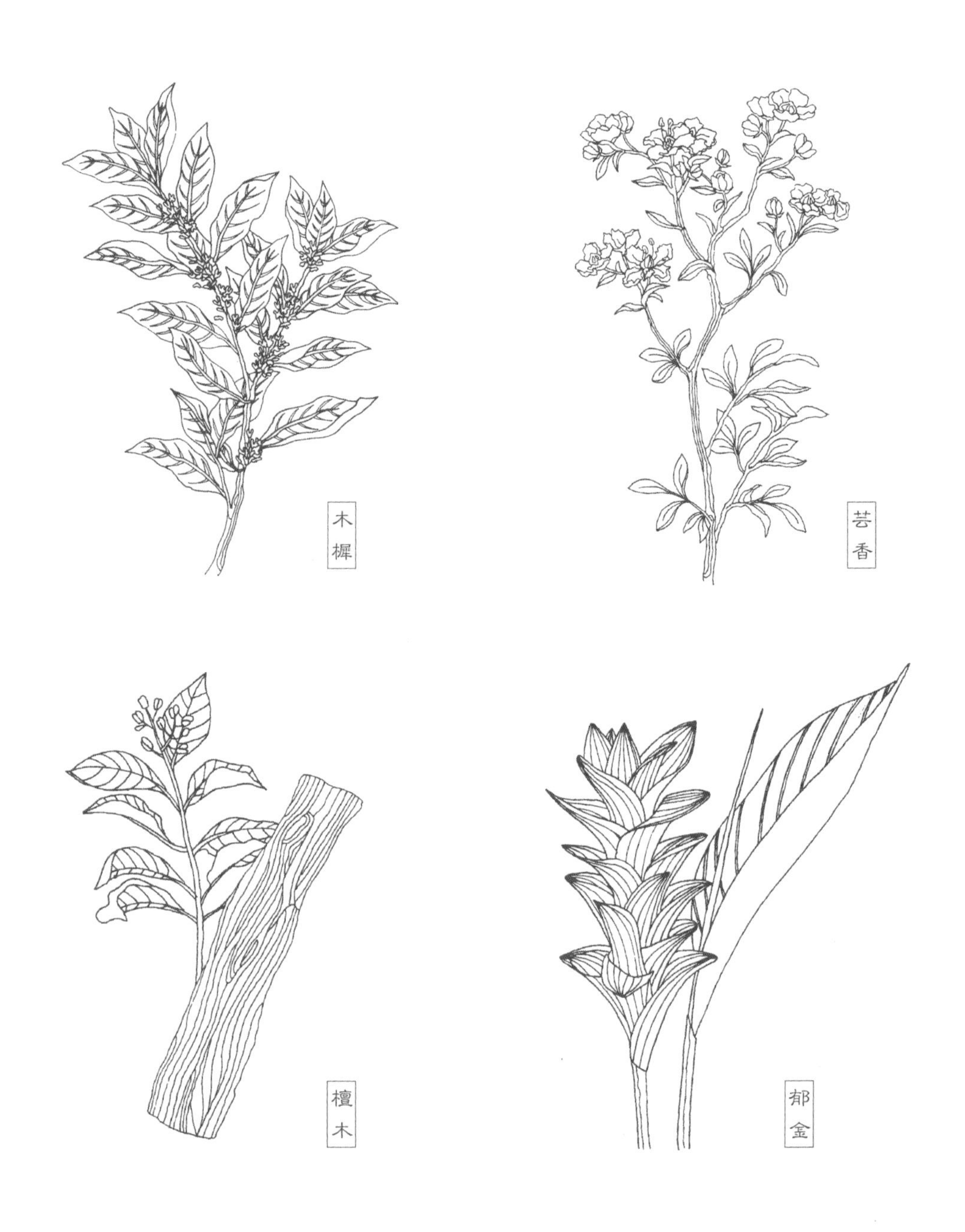

草药香烛（Herbscent Incense）

这是在普瑞特艺术学院学习期间的个人项目。草药香烛是一款香烛品牌，其主要原料是药草。产品的灵感来源于明代李时珍所著的《本草纲目》，它是中医历史上最为全面详尽的医药作品，记载了当时几乎所有的动植物、矿物和其他拥有药物属性的物品。包装设计选取了书本的样式，每个包装上都有原始草药插画作为补充说明，此想法源自《本草纲目》的插画目录。

设计师：刘晓月
摄影师：刘晓月

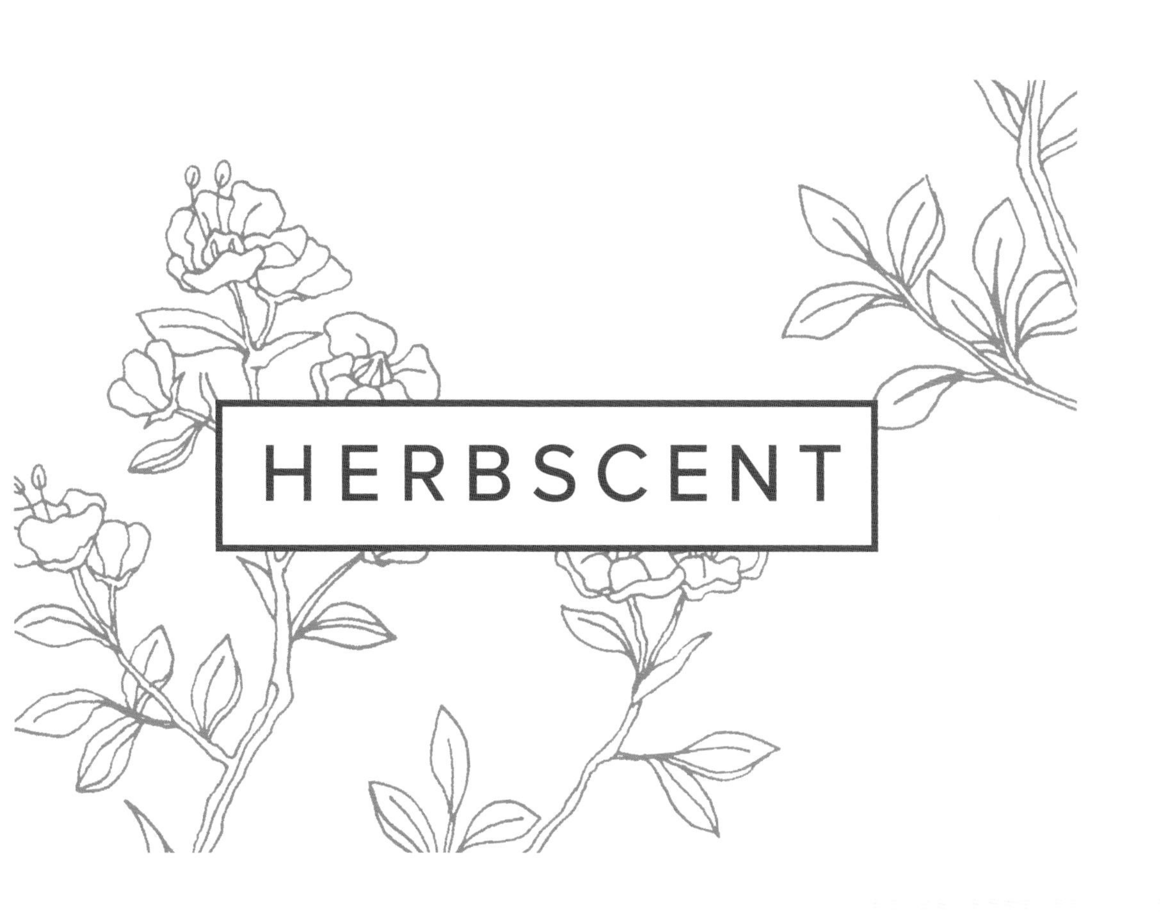
HERBSCENT

HERBSCENT
natrual incense
SANDALWOOD
4×30 Japanese Style Incense Sticks

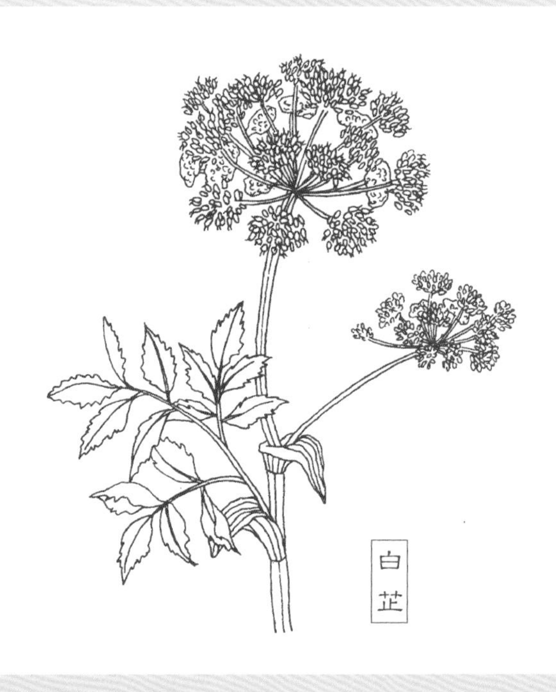

草药香烛

设计师：刘晓月
摄影师：刘晓月

HERBSCENT
natrual incense
CHINESE ANGELICA
4×30 Japanese Style Incense Sticks

Herbscent produces incense that is beneficial for both your body and mind. Inspired by *The Compendium of Materia Medica*, the classic of traditional Chinese medicine, Herbscent combines oriental herbs used in aromatherapy with other healthy ingredients. The subtle, natural and timeless fragrance is the perfect companion for meditation, quiet reflection, or simply to scent your living space.
Made in HongKong
HERBSCENT CO., LTD.
0 123456 789012

草药香烛

设计师：刘晓月
摄影师：刘晓月

HERBSCENT
natrual incense
RUE

HERBSCENT
natrual incense
WILD TURMERIC

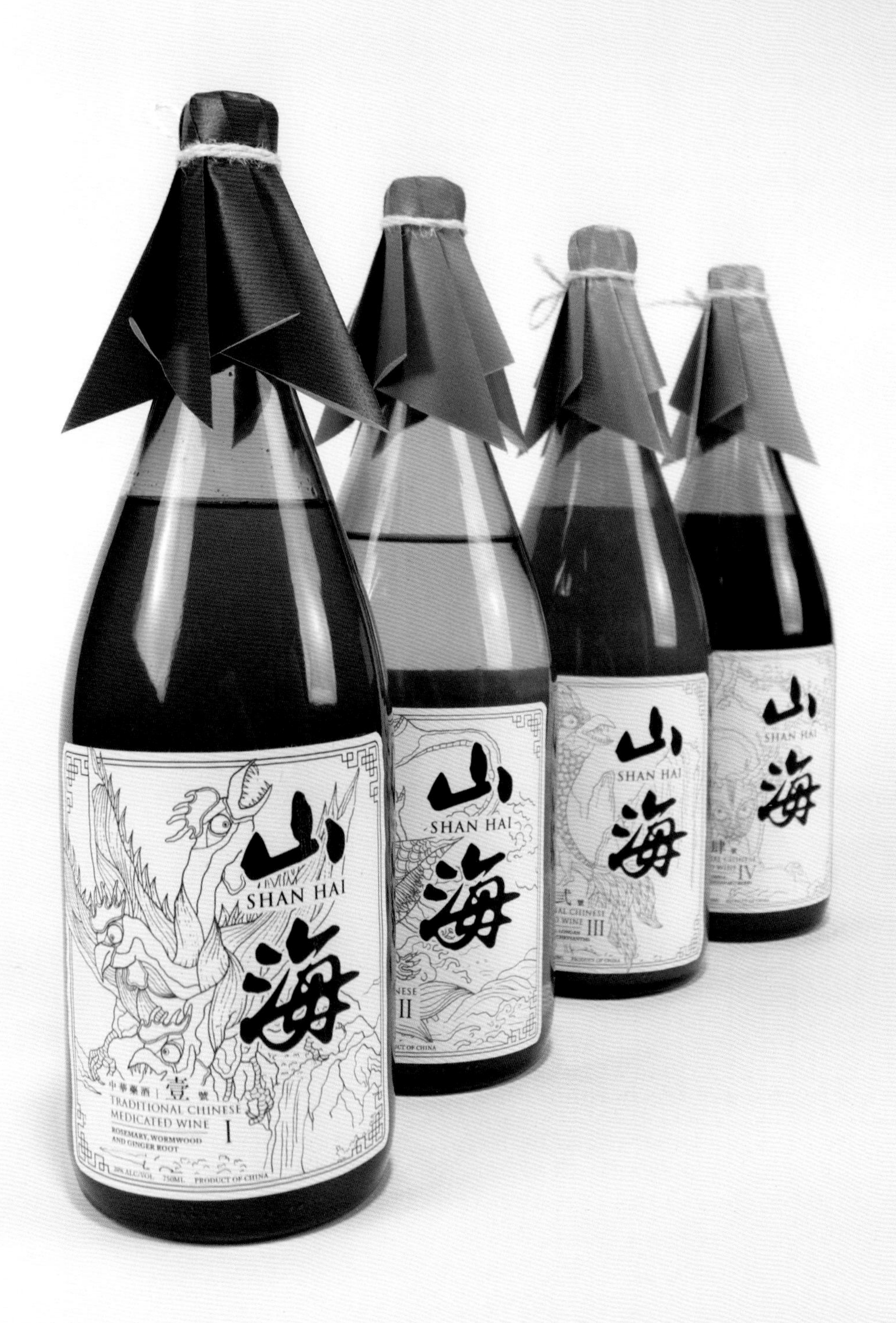
山海
SHAN HAI
中華藥酒 | 壹號
TRADITIONAL CHINESE
MEDICATED WINE I
ROSEMARY, WORMWOOD
AND GINGER ROOT
20% ALC/VOL 750ML PRODUCT OF CHINA

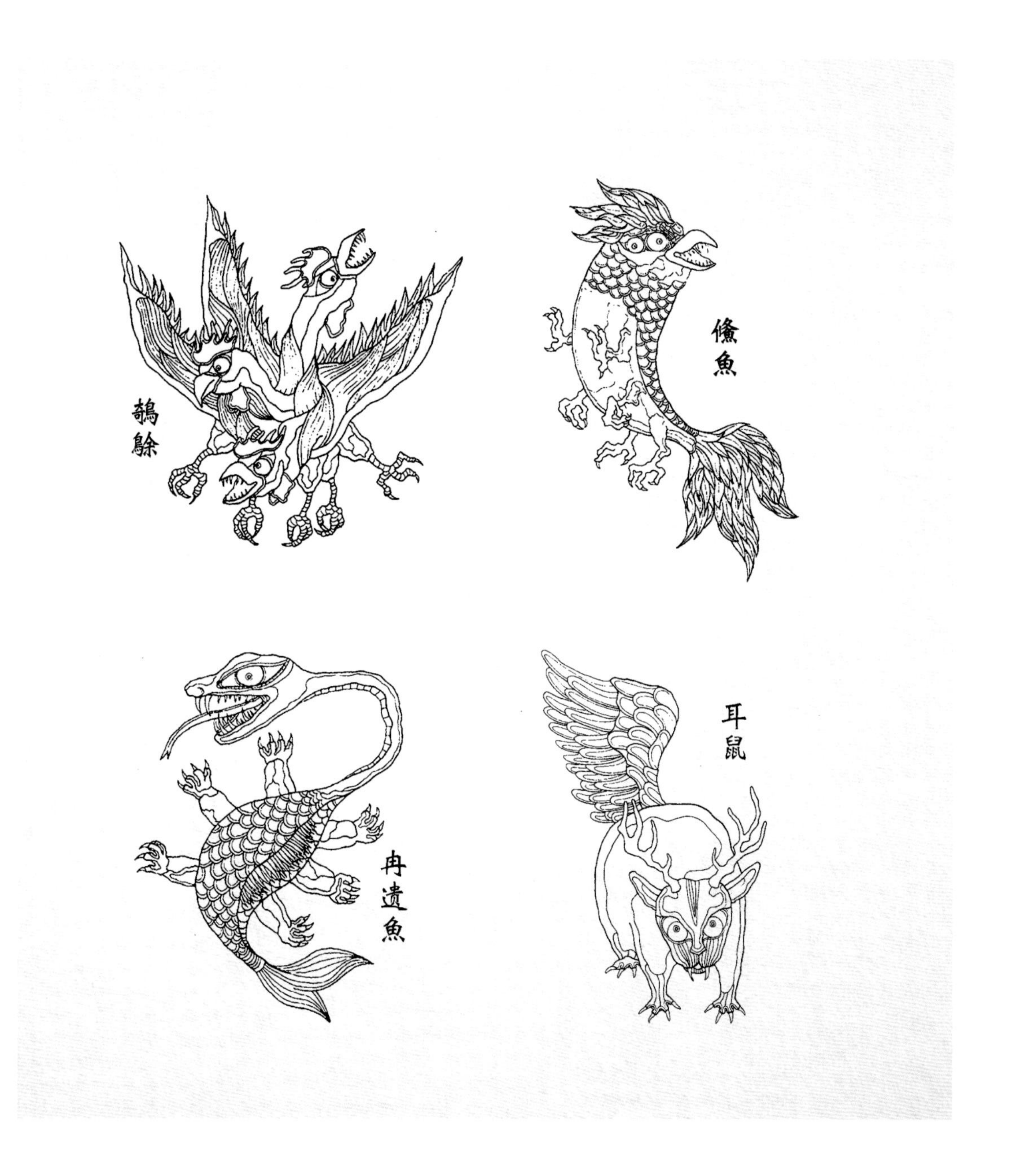

山海药酒 (Shan Hai Medicated Wine)

药酒是通过特殊做法，将白酒和中国传统草药加以混合制作而成。最早的药酒记录可追溯至商朝的甲骨文，药酒的生产和应用受到历朝历代医者的重视。大量的秘方流传至今，用于治疗疾病和日常养生。包装设计是受到《山海经》的启迪，它是中国古代著作，讲述了各种神话故事和地理状况。

设计师：刘晓月
摄影师：刘晓月

山
SHAN HAI
海
TRADITIONAL CHINESE
MEDICATED WINE
I
II
III
IV

山
海

山海药酒

设计师：刘晓月
摄影师：刘晓月

山
SHAN HAI
海
中華藥酒
TRADITIONAL CHINESE
MEDICATED WINE

春漾手作冷皂

没有华丽的故事，所以更朴实平凡。单纯的初衷、纯粹的用心与坚持，开始了春漾的制皂旅程。每一块手工皂都历经烦琐工时与品质坚持，由制皂者手中的温度传递最实在的用心。品牌商标以纯粹的用心坚持为初衷，将品牌概念转化为设计元素，勾勒出春到、种子发芽及制皂过程之多重含义，象征春漾的慢工细心与烦琐的工时堆叠累积的情感。温暖的大地色作为春漾品牌的辅助色，抽象水彩晕染的彩绘传递出沐浴在大自然中的幸福美好。

设计机构：存在设计有限公司
创意总监：黄于庭
设计总监：杨滨灿
艺术总监：存在设计团队
客户：春漾手工冷皂 (Like-Spring Handmade Soap)
摄影师：存在设计有限公司

HANDMADE
SOAP

春息蕩漾 復甦身心

HANDMADE
SOAP

HANDMADE
SOAP

手作冷皂

: 存在设计有限公司
: 黄于庭

M50+Y80
PANTONE 157 U

HANDMADE
SOAP
C40+Y80
PANTONE 358 U

M50+Y15
PANTONE 2043 U

KOF 海藻手工皂包装设计

回归质朴，给肌肤最自然的接触。以朴实的环保纸浆包装设计，强调天然海藻本身的价值。原生纸浆包装突显了简洁纯粹、 自然无瑕的产品本质，以简约谦和、回归单纯的环保方式， 展现和大自然之间的温暖共鸣。

设计机构：存在设计有限公司
创意总监：黄于庭
艺术总监：存在设计团队
客户：KOF 生物科技有限公司 (KOF Biotech Co.,L
摄影师：存在设计有限公司

海藻手工皂
SEAWEED
SOAP

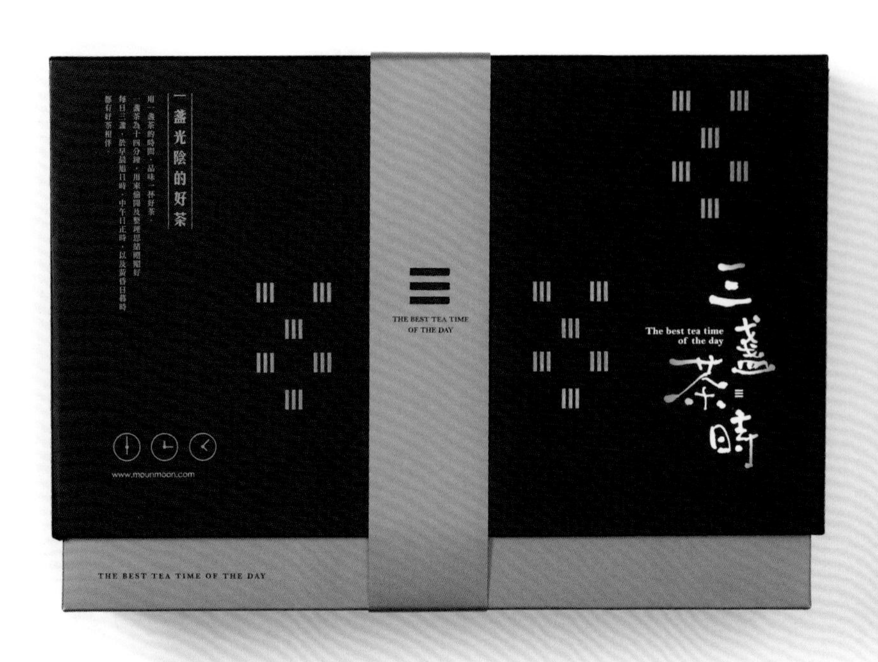
一盞光陰的好茶
www.mounmoon.com
THE BEST TEA TIME
OF THE DAY
三盞茶時
The best tea time
of the day
THE BEST TEA TIME OF THE DAY

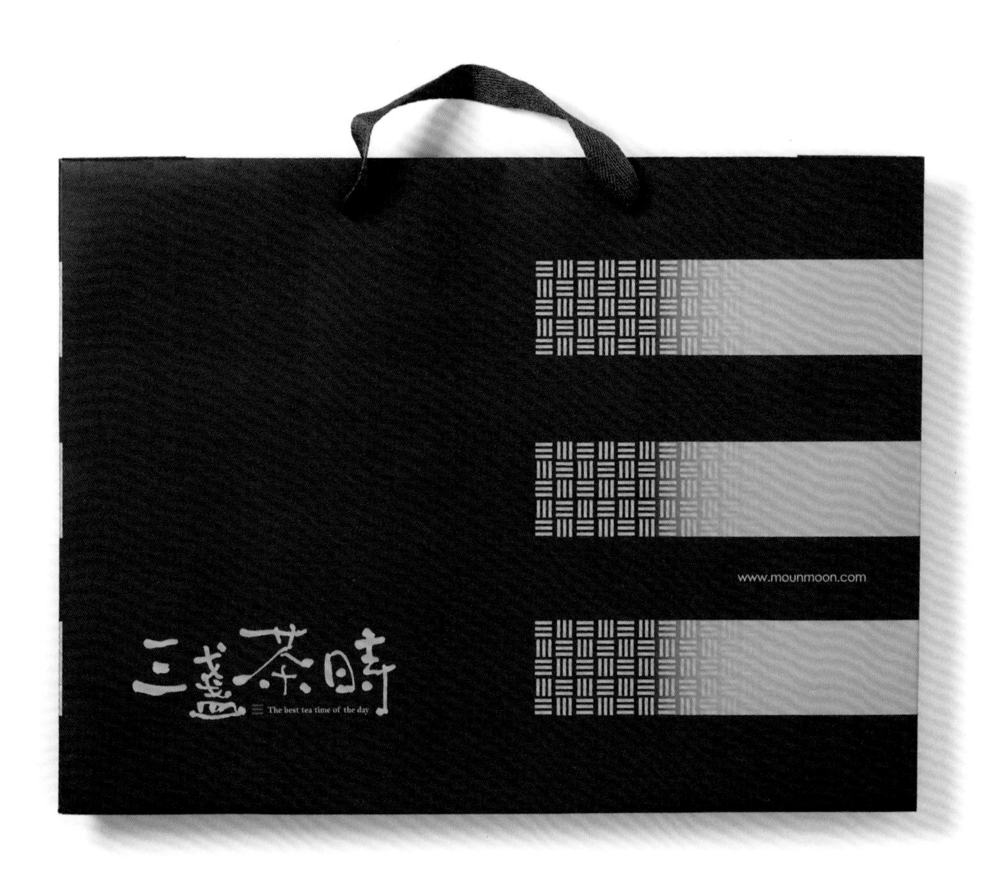
www.mounmoon.com
三盞茶時
The best tea time of the day

三盏茶时

一盏光阴的好茶。用一盏茶的时间，品味一杯好茶。一盏茶为十四分钟，用来偷闲及整理思绪刚刚好，于早晨旭日时、中午日正时及黄昏日暮时都有好茶相伴。三盏茶时以简约却充满故事与力量的几何横线线条为设计元素，传达品牌充满情感的理念，更代表了每日三盏的好茶时光。

存在设计团队实地深入走访云雾缭绕的高山与茶香和自然对话后，在 2450 米海拔的茶区找寻到清新甘口的茶品，经过充分沟通，将在此过程感受到的故事与温度转化为设计概念和元素，完整融合呈现于品牌命名、色彩规划、视觉传达和产品包装上，让每个细节都能呈现出品牌的用心。

机构：存在设计有限公司
创意总监：黄于庭
设计总监：杨滨灿
艺术总监：存在设计团队
客户：沐风华创意营销有限公司 (Mu Fenghua Creative Marketing Co.,Ltd.)
摄影师：存在设计有限公司

阿里山金萱
一盏光陰的好茶
The best tea time
of the day
三盞茶時

梨山清焙
一盏光陰的好茶
The best tea time
of the day
三盞茶時

梨山紅茶
一盏光陰的好茶
The best tea time
of the day
三盞茶時

梨山紅茶
一盏光陰的好茶
The best tea time
of the day
三盞茶時

三盏茶时

设计机构：存在设计有限公司
创意总监：黄于庭

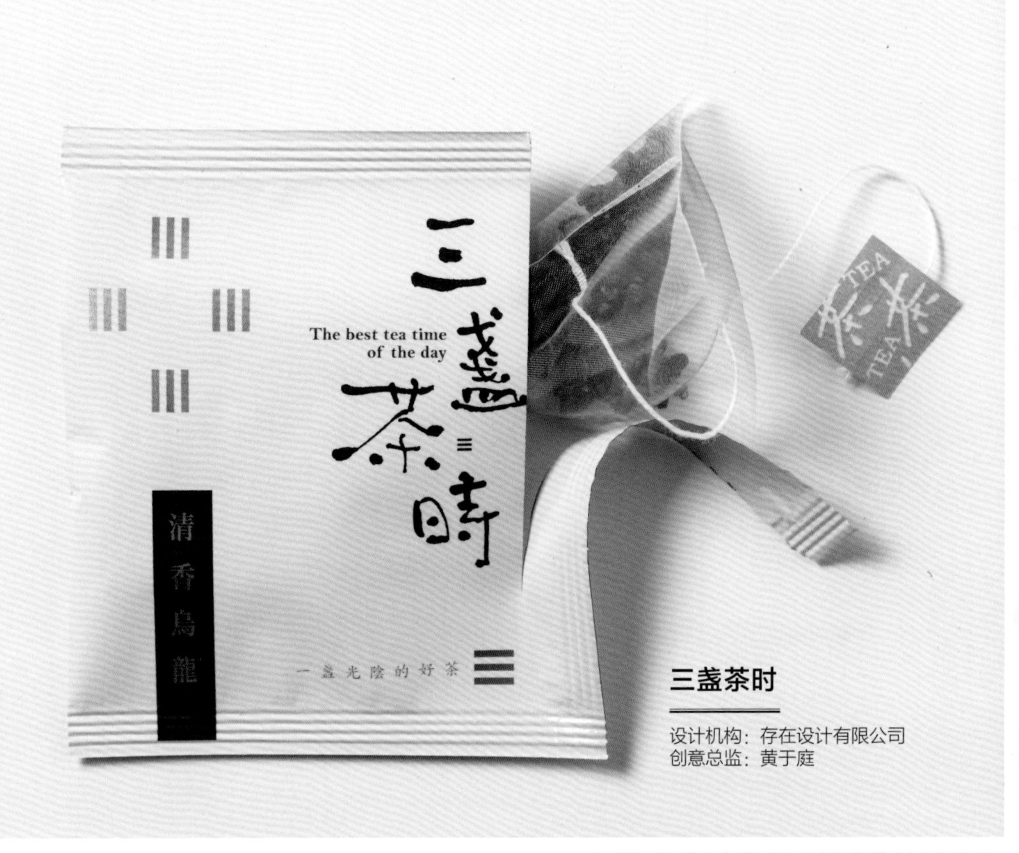

三盏茶时

设计机构：存在设计有限公司
创意总监：黄于庭

三盞茶時
The best tea time of the day
源香紅茶
一盞光陰的好茶

三盏茶时

设计机构：存在设计有限公司
创意总监：黄于庭

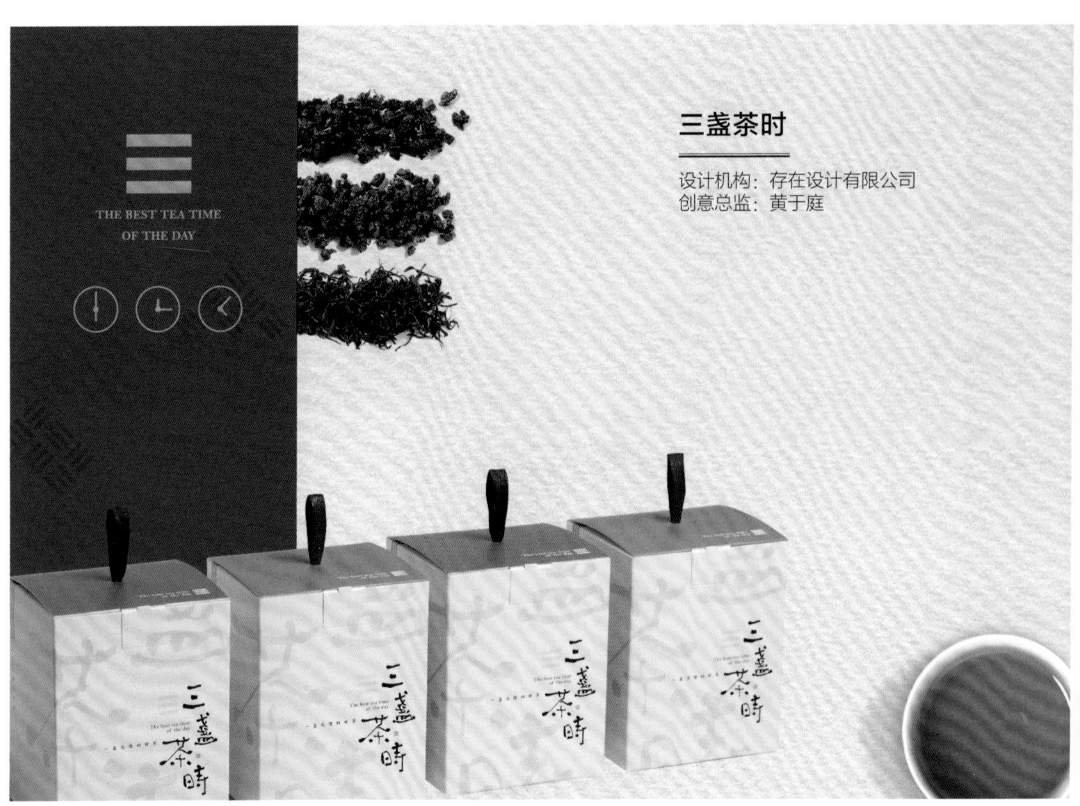

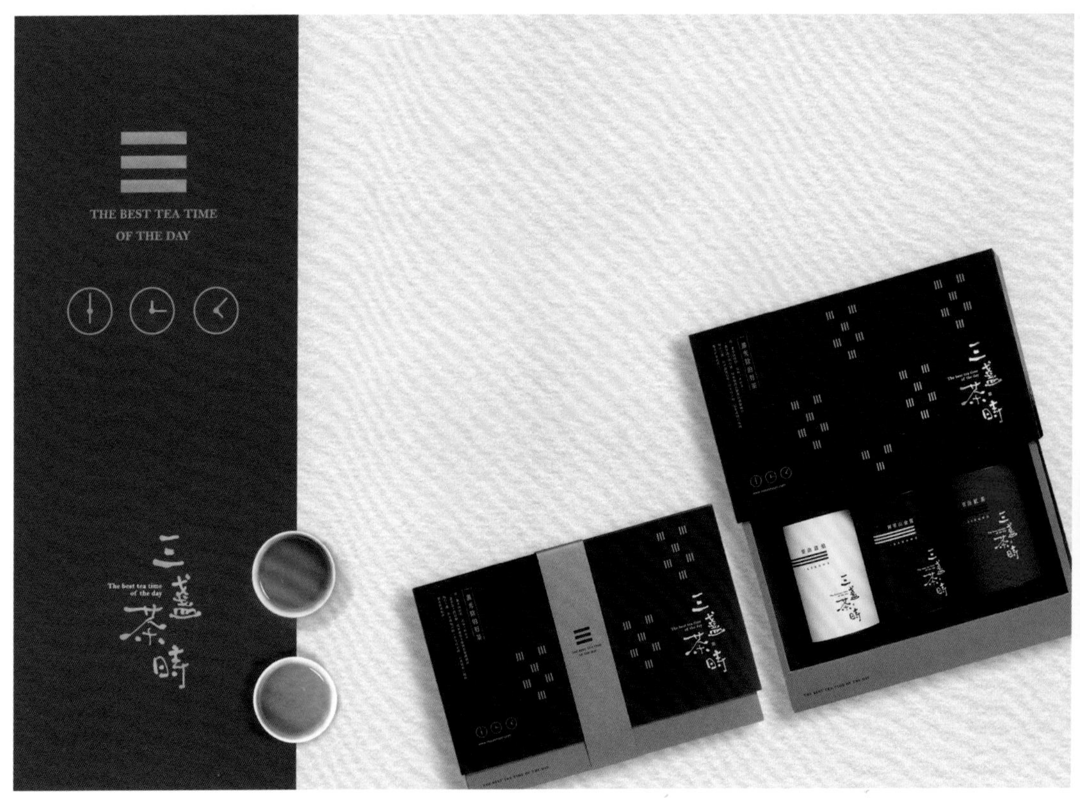

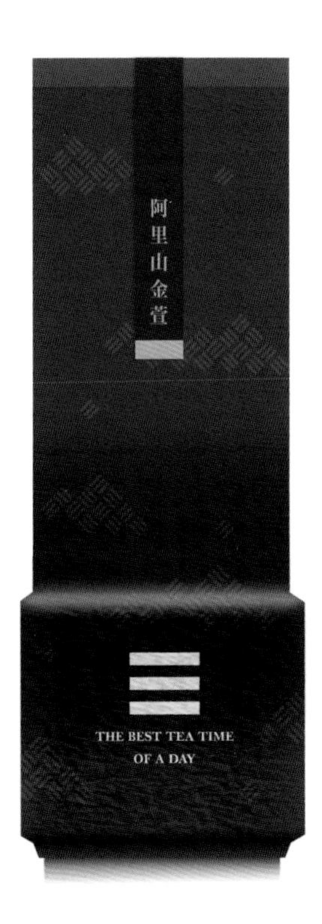
阿里山金萱
THE BEST TEA TIME
OF A DAY

梨山清焙
THE BEST TEA TIME
OF A DAY

梨山紅茶
THE BEST TEA TIME
OF A DAY

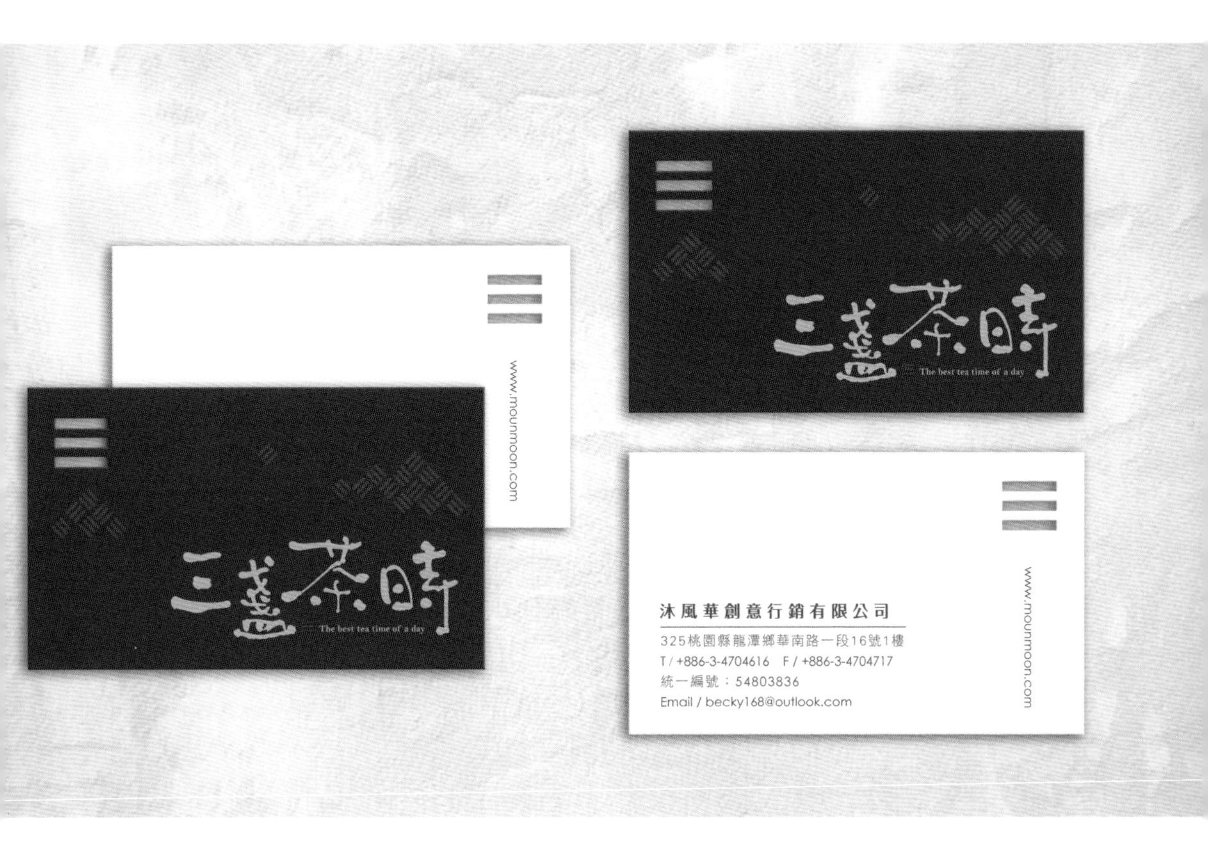
三盞茶時
The best tea time of a day
www.mounmoon.com
沐風華創意行銷有限公司
325桃園縣龍潭鄉華南路一段16號1樓
T / +886-3-4704616　F / +886-3-4704717
統一編號：54803836
Email / becky168@outlook.com

花生油

頂開花，下結籽

在地鮮採壓榨，沒有長程運送保存的問題，
不同於進口花生不帶殼果仁，採用在地土豆
傳統帶殼碾壓，榨製出來的油更清香透潤，
依循古法製作的花生油品質優良，香氣特別濃厚醇郁。

LONGJING
PEANUT OIL

龙井花生油

“顶开花，下结籽”，极致厚工，完美淬炼，取花生油手工古法制作过程，运用细腻朴实的插画诠释，完整呈现从采收至装瓶等鲜采压榨、传统带壳碾压之十一道繁复工序。包装设计以象征大地自然的牛皮色，包裹老师傅辛苦手作之心意与温度。用最朴实的包装，缱绻传递温实淬炼之情感。

设计机构：存在设计有限公司
创意总监：黄于庭
设计总监：杨滨灿
艺术总监：存在设计团队
客户：龙井农民协会 (Longjing Farmers Associ

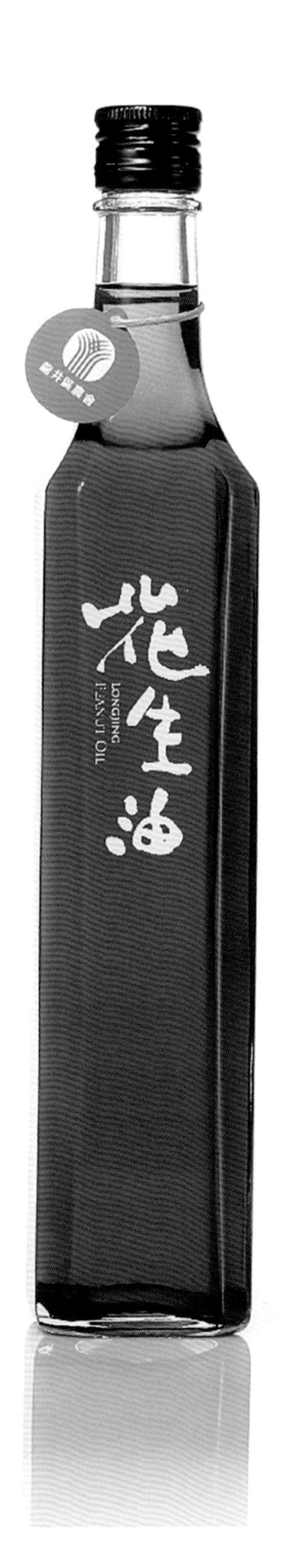
龍井區農會
花生油
LONGJING
PEANUT OIL

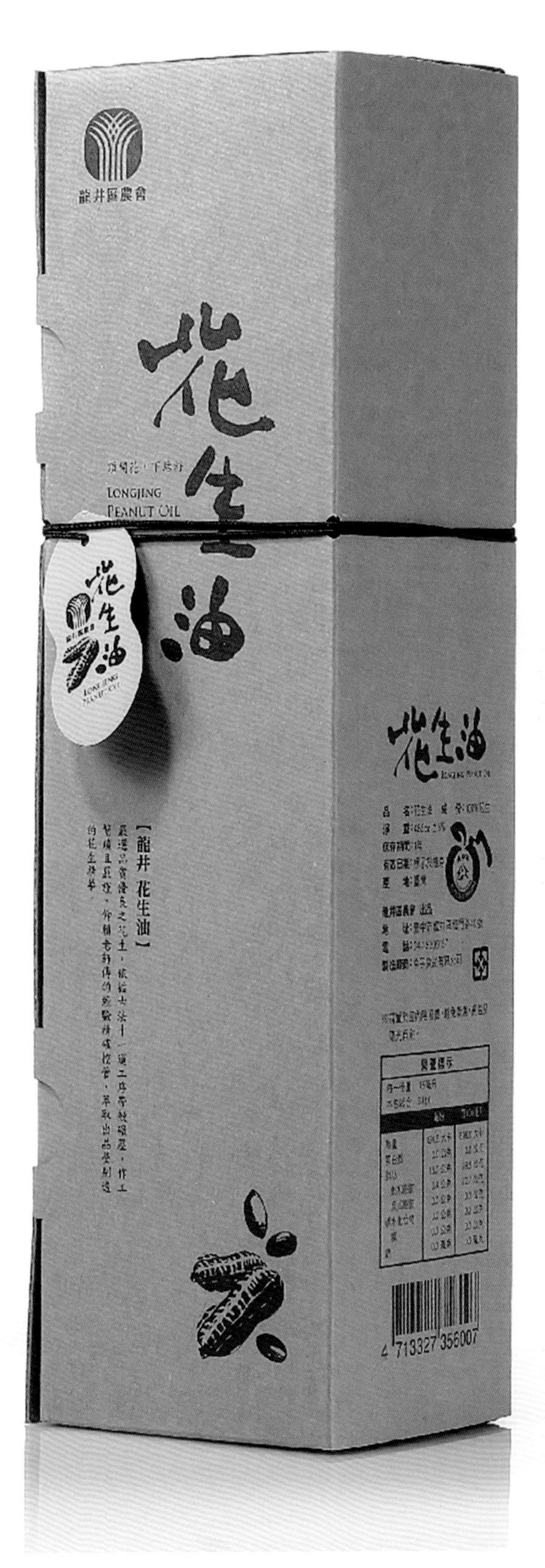
龍井區農會
花生油
LONGJING
PEANUT OIL
【龍井 花生油】
4 713327 356007

龙井花生油

设计机构：存在设计有限公司
创意总监：黄于庭

一 採收
二 日曬
三 篩選
四 焙炒
五 碾碎
六 氣蒸
七 壓餅
八 榨油
九 過濾
十 沉澱
十一 裝瓶
花生油
LONGJING PEANUT OIL

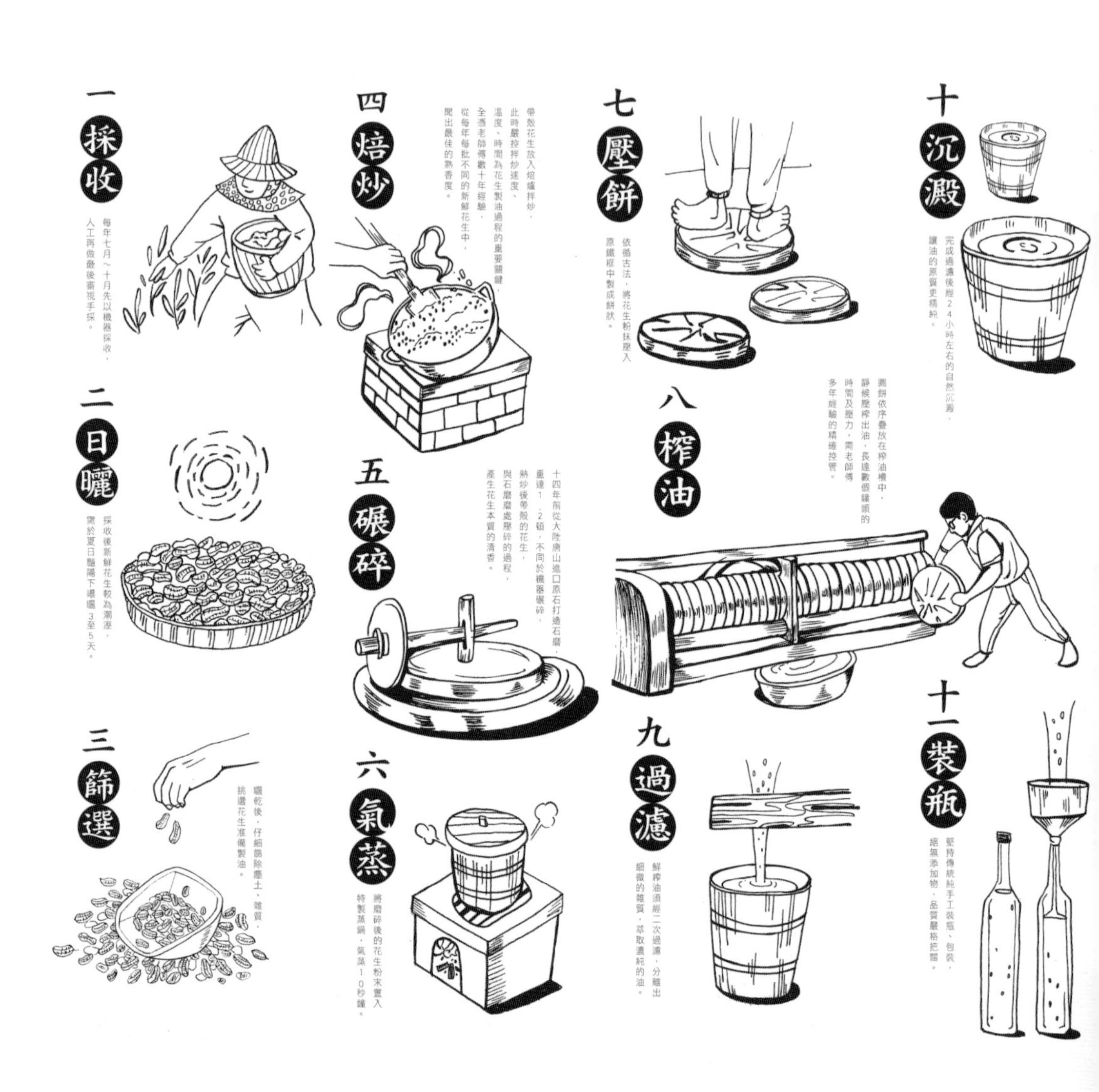

一
採收
每年七月～十月先以機器採收，
人工再做最後審視手採。
二
日曬
採收後新鮮花生較為潮溼，
需於夏日豔陽下曝曬3至5天。
三
篩選
曬乾後，仔細篩除塵土、雜質，
挑選花生准備製油。
四
焙炒
帶殼花生放入焙爐拌炒，
此時嚴控拌炒速度、
溫度、時間為花生製油過程的重要關鍵，
全憑老師傅數十年經驗，
從每年每批不同的新鮮花生中，
聞出最佳的熟香度。
五
碾碎
十四年前從大陸唐山進口原石打造石磨，
重達1.2噸，不同於機器碾碎，
熱炒後帶殼的花生，
與石磨磨處壓碎的過程，
產生花生本質的清香。
六
氣蒸
將磨碎後的花生粉末置入
特製蒸鍋，氣蒸10秒鐘。
七
壓餅
依循古法，將花生粉抹壓入
原鐵框中製成餅狀。
八
榨油
圓餅依序疊放在榨油槽中，
靜候壓榨出油，長達數個鐘頭的
時間及壓力，需老師傅
多年經驗的精確控管。
九
過濾
鮮榨油須經二次過濾，分離出
細微的雜質，萃取濃純的油。
十
沉澱
完成過濾後經24小時左右的自然沉澱，
讓油的原質更精純。
十一
裝瓶
堅持傳統純手工裝瓶、包裝，
絕無添加物，品質嚴格把關。

龙井花生油

设计机构：存在设计有限公司
创意总监：黄于庭

五 碾碎
六 氣蒸
七 壓餅
八 榨油
九 過濾
十 沉澱
十一 裝瓶
花生油
PEANUT OIL

七品茶堂品牌规划

“指茶为墨，一画悠然亦人生”，山光水色，茶堂人家。七品茶堂品牌取茶汤散淡悠然洒落之实际景象，运用茶水冲泡过程变幻莫测的浓淡转化，在桌上展现以指为笔、以茶为墨的随性韵味，将其意境作为茶事茶画之元素，勾勒似山水似人家的宽阔心境。包装通过设计营造出自在的氛围，诉说着一茶一人生的惬意时光。

设计机构：存在设计有限公司
创意总监：黄于庭
设计总监：杨滨灿
艺术总监：存在设计团队
客户：七品茶堂 (Seven Tea House)
摄影师：存在设计有限公司

七品茶堂
Seven Tea House
TAIWAN
MOUNTAIN TEA

七品茶堂品牌规划

设计机构：存在设计有限公司
创意总监：黄于庭

七品茶堂

Seven Tea House

Design Company / Existence Design Co., Ltd.
Brand Name / Seven Tea House
Product Vendor / Seven Tea House
Executive / Branding , Packaging

溫體
鮮|雞|精。
新鮮 才真正營養
www.liu-tian.com.tw

田记鲜鸡精包装设计

“新鲜，才真正营养”，田记为您疼惜身边的每一个人。田记品牌以大地色彩搭配自然畜产的朴实风格，将农家用心种植、谦卑畜养的初衷转化为设计概念，运用温润柔和的色彩与插画，诠释本土健康鸡之意象，象征着新鲜才真正营养的安心实在。温暖踏实的视觉贯穿整体包装，将大地生态的美好感知，直接传递到心中。

设计机构：存在设计有限公司
创意总监：黄于庭
设计总监：杨滨灿
艺术总监：存在设计团队
客户：刘天印有限公司
摄影师：存在设计有限公司

田記
鮮
溫體鮮雞精
Chicken Essence
嘉義大學創新育成中心進駐廠商

田记鲜鸡精包装设计

设计机构：存在设计有限公司
创意总监：黄于庭

田記
溫體
鮮雞精

田記
疼惜您的
純
雞肉酥
Chicken Floss
三大保證
Made In Taiwan
營養美味無負擔
嚴選健康雞隻
純雞肉製成
保證不加防腐劑
嘉義大學創新育成中心進駐廠商

田記
純
雞肉酥

杜倫先生
Mr. Turon

杜伦先生 (Mr. Turon) 品牌规划

杜伦源自阿美族语中的“麻糬”之意。杜伦先生将传统麻糬与充满创意的特色做法融合后，研发出全新的花莲旅游必买好食。充满活力可爱的杜伦先生带给人热情、美好、自然朝气，欢迎所有到花莲游玩的朋友尽情享受这片土地的热情，并且感受杜伦先生最有温度、充满欢乐的伴手好食光。

设计机构：存在设计有限公司
创意总监：黄于庭
设计总监：杨滨灿
艺术总监：存在设计团队
客户：米团创意有限公司 (MI TUAN Creative Co., Ltd.)
摄影师：存在设计有限公司

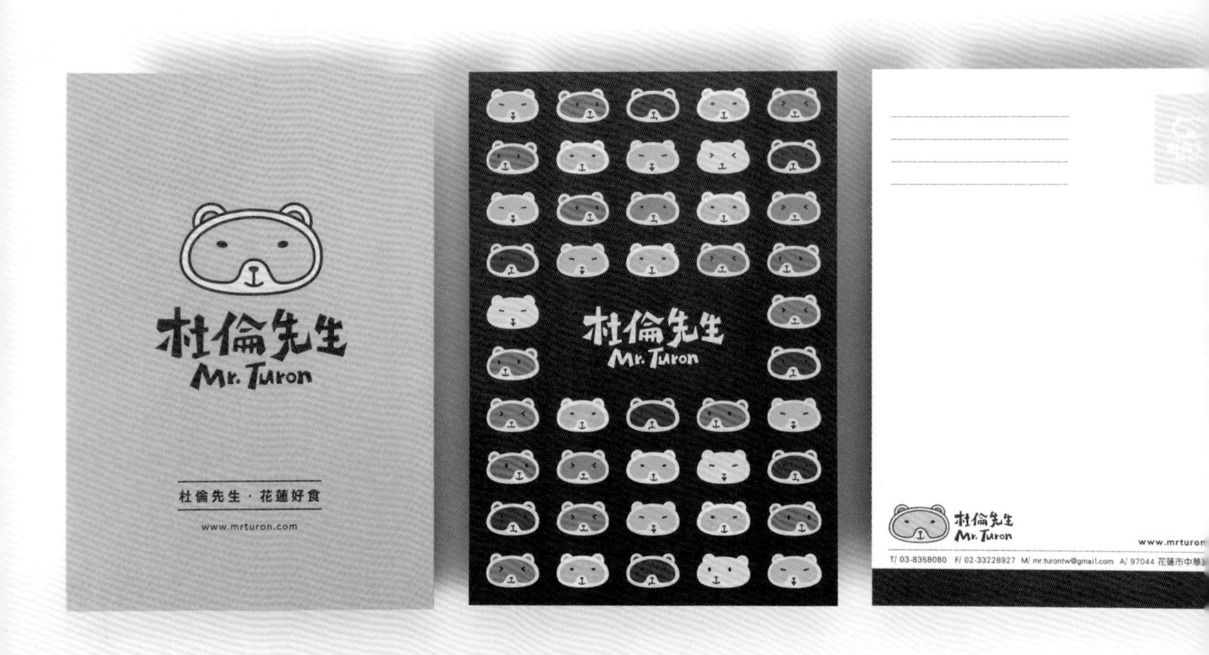

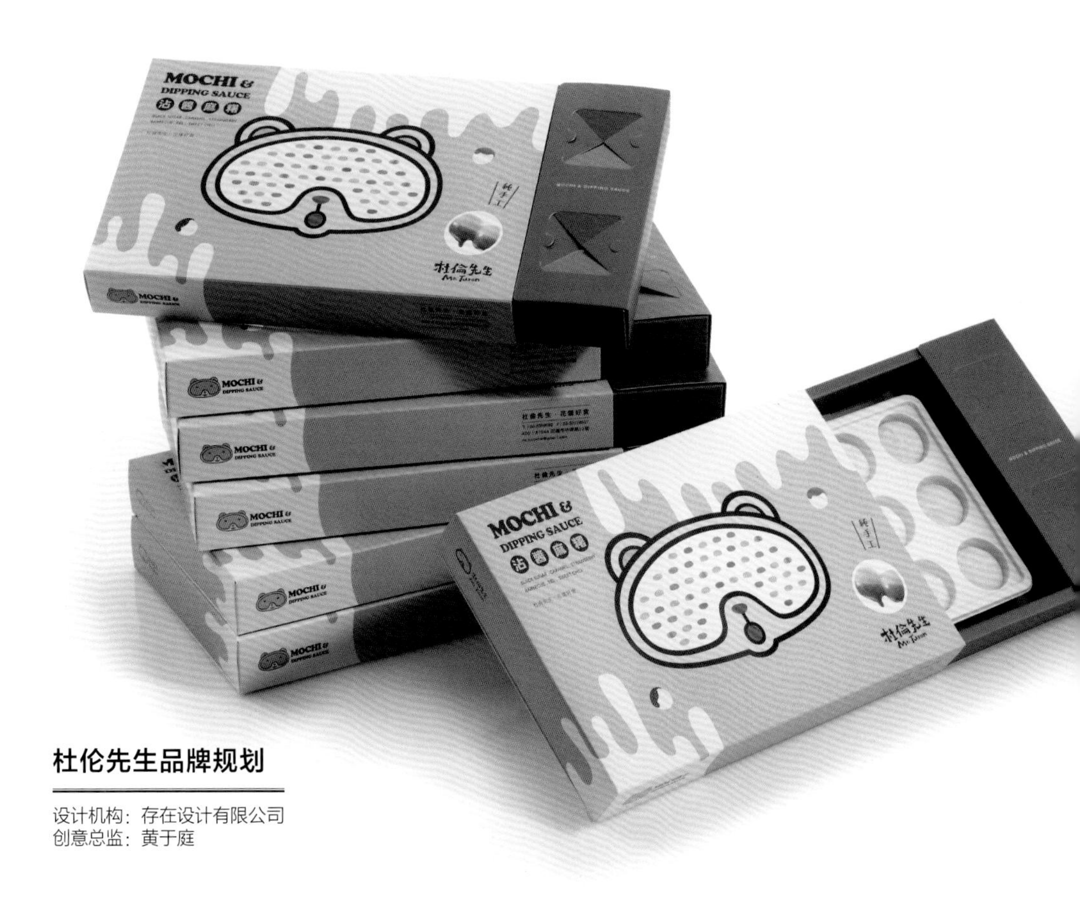

杜伦先生品牌规划

设计机构：存在设计有限公司
创意总监：黄于庭

杜倫先生
Mr. Turon
杜倫先生・花蓮好食
www.mrturon.com
杜倫先生FB官方粉絲頁
TEL / 03-8358080
FAX / 02-33228927

杜倫先生
Mr. Turon
杜倫先生・花蓮好食
www.mrturon.com
新店開幕 期間限定
有抽有好康 / 折扣通通有 / 市區相見歡
7/25開幕日活動：神秘一日店長

杜伦先生品牌规划

设计机构：存在设计有限公司
创意总监：黄于庭

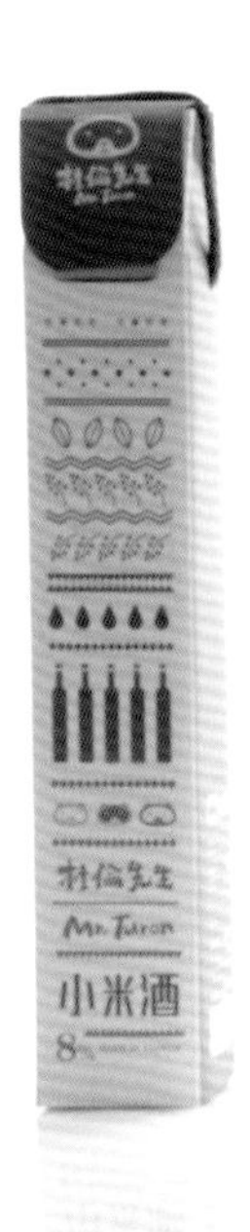

杜伦先生品牌规划

设计机构：存在设计有限公司
创意总监：黄于庭

Mr. Turon
杜倫先生
2016.1.18

Mr. Turon
杜倫先生
杜倫先生 · 花蓮好食
MADE IN TAIWAN

杜倫先生
Drip Coffee
杜倫先生・花蓮好食

Drip Coffee

杜伦先生品牌规划

设计机构：存在设计有限公司
创意总监：黄于庭

利沃夫行走 (Lviv Walk)

思维托奇 (Svitoch) 巧克力品牌和利沃夫市有着紧密联系。利沃夫是乌克兰最受欢迎的旅游景区，以建筑物闻名。我们是为一款巧克力的包装做设计，而这款巧克力从甜品升级为旅游纪念品。“Defilyady”的意思是“小径，行走”。插画描绘的是利沃夫市最著名的景点，象征着人们来到利沃夫旅游留下的美好纪念。

设计机构：布兰迪皮特 (BrandPit)
设计师：奥尔加 · 萨姆索奈寇 (Olga Samsonenko)
设计总监：安德烈 · 玛卡连柯 (Andrey Malyarenko)
艺术总监：奥尔加 · 萨姆索奈寇 (Olga Samsonenko)
客户：雀巢 (Nestle)

Lviv
POST
ПРЕСА
КАВА

Світоч
1882
ГАРАНТІЯ ЯКОСТІ
1882
СВІТОЧ
LVIVSKY
ДЕФІЛЯДИ
правжнісінькі смаколики з чорного
коладу у львівському презенті

BALANCING
SERUM
for combination
or
oily skin
OIL CONTROL
made with certified
organic ingredients
ORGANIC
HARMONY
20ml | 0.67 fl. oz. ℮
SOOTHING
SERUM
for sensitive
or
irritated skin
HEALTHY GLOW
made with certified
organic ingredients
ORGANIC
HARMONY
20ml | 0.67 fl. oz. ℮
ORGANIC
HARMONY
SOOTHING SERUM
HEALTHY GLOW
for sensitive or irritated skin
REGENERATING
SERUM
for mature
or
very dry skin
AGE RECOVERY
made with certified
organic ingredients
ORGANIC
HARMONY
20ml | 0.67 fl. oz. ℮

ORGANIC
HARMONY
REGENERATING SERUM
AGE RECOVERY
for mature or very dry skin
ORGANIC
HARMONY
SOOTHING SERUM
HEALTHY GLOW
for sensitive or irritated skin
ORGANIC
HARMONY
BALANCING SERUM
OIL CONTROL

机协调（Organic Harmony）

有机天然产品的启发，我们设计了一款新的包装。商标上的点彩技术插画别具一格，轻盈而又准确的笔触使得有机协调的产品能在药品和化行业中脱颖而出。

机构：布兰迪皮特
师：奥尔加 · 萨姆索奈寇
：有机协调
师：安德烈 · 玛卡连柯

托尔钦春季草药
(Torchyn Spring Herbs)

更新此产品包装的主要目的是让这种季节性产品看上去更加新鲜可口。与之前的包装相比，我们需要让消费者更认可新包装。现在，每个设计元素都翻新了，更现代的包装让产品看上去就像刚刚采摘下来非常新鲜的样子。

设计机构：布兰迪皮特
设计师：奥尔加 · 萨姆索奈寇
客户：雀巢
摄影师：阿勒克萨德 · 沙拉德夫 (Aleksandr Slyadnev)

设计前　　设计后

ТОРЧИН
Виготовлено зі свіжої зелені
без додавання:
підсилювачів смаку
барвників
консервантів
ТОРЧИН
Весняна зелень
суміш зелені та спецій
ТОРЧИН
Порада від Торчин:
Nestlé

BEFORE

AFTER

金色储备 (Golden Reserve)

金色储备的定位是一款高质量且价格不贵的黄油。便于识别的原黑色包装很显眼，但是排版设计则有些过时。新设计的方向是“智慧演变”，即摆脱过时的元素，但保留消费者喜爱的元素。

设计机构：布兰迪皮特
设计师：奥尔加·萨姆索奈寇
客户：泰拉食品集团 (Terra Food Group)

金色储备

设计机构：布兰迪皮特
设计师：奥尔加·萨姆索奈寇

ЗОЛОТИЙ™
РЕЗЕРВ
ВЕРШКОВИЙ
сир плавлений
50% жиру
в сухій речовині
ДСТУ
4635:2006

ЗОЛОТИЙ™
РЕЗЕРВ
60%
жиру в сухій
речовині
ЯНТАР
сир плавлений
ДСТУ
4635:2006
ПАСТОПОДІБНИЙ
маса нетто
125г
ЗОЛОТИЙ
РЕЗЕРВ
ЗОЛОТИЙ
РЕЗЕРВ

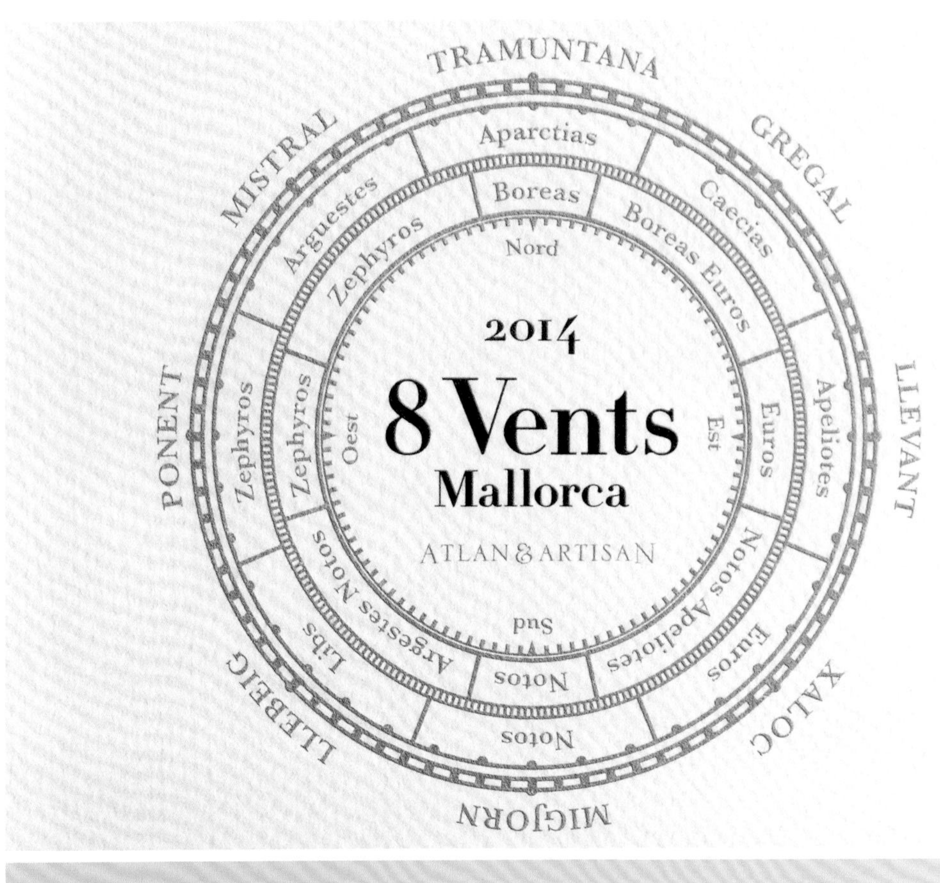

8 温特 (8 Vents)

马略卡岛 (Mallorca) 有很多水手和商人，而风向在当地文化中很重要。8 种风向是马略卡岛特有的现象。我们将其与古希腊罗马的方向图进行比较，设计出阿特朗 & 阿提森 (Atlan & Artisan) 酒的商标。

设计机构：科米特工作室 (Comité Studio)
创意总监：艾博恩 · 阿佩兹特圭亚 (Ibon Apezteguia)
设计总监：弗兰瑟斯克 · 莫拉塔 (Francesc Morata)
客户：阿特朗 & 阿提森
摄影师：弗兰瑟斯克 · 莫拉塔

TRAMUNTANA
GREGAL
LLEVANT
XALOC
MIGJORN
LLEBEIG
PONENT
MISTRAL
2014
8 Vents
Mallorca
ATLAN & ARTISAN

奥利瓦雷斯（Olivares）

奥利瓦雷斯是一个与橄榄油文化相关的项目，生产限量天然橄榄油。我们对于讲述每个系列产品背后的故事很感兴趣，以便突显橄榄油的特质。我们最后的成果是一个重要的排版设计和一张数字表。

设计机构：科米特工作室
创意总监：艾博恩 · 阿佩兹特圭亚
设计总监：弗兰瑟斯克 · 莫拉塔
客户：奥利瓦雷斯
摄影师：弗兰瑟斯克 · 莫拉塔

04
Bovera
Marc Farré
Situado en la comarca de Las Garrigas, en la localidad de Bovera, Marc Farré aplica los preceptos de la biodinámica en su olivar ecológico desde 2014. La cosecha se realizó el 5 de noviembre, en plena luna descendente, fecha óptima para trabajar el fruto según el lunario biodinámico.
41°19'16,6"N 0°40'27,2"E
Agricultura Biodinámica
100% Arbequina
Aceite de oliva virgen extra ecológico
Extracción en frío el mismo día de su recolección.
500ml
0,15°
Recolección:
Consumir antes de:
Conservar en un lugar fresco y oscuro. Producto de España. Elaborado y envasado por: Bio Oleics Belianes. Calle Molinet, S/n. 25266 Belianes + 34 635 729 242. Rspac: 16.04553/CAT Nº de lote: Olibon
CCPAE
Olivares
www.olivaresseries.com
05
Agricultura
Ecológica
Aceite de oliva
500ml
Olivares
www.olivaresseries.com

00
Sevillenca
Alfafarenca
Aceite de oliva
Virgen Extra
500ml
Olivares
www.olivaresseries.com
02
Olivares
Coll de l'Alba
50% Sevillenca
50% Alfafarenca
Aceite de oliva
Virgen Extra
500ml
Olivares
www.olivaresseries.com
03
Cal Viudo
50% Sevillenca
50% Alfafarenca
Aceite de oliva
Virgen Extra
500ml
Olivares
www.olivaresseries.com

奥利瓦雷斯

设计机构：科米特工作室
创意总监：艾博恩 · 阿佩兹特圭亚

241 GRAMS OF
COMITÉ
DARK CHOCOLATE
- Enjoy -

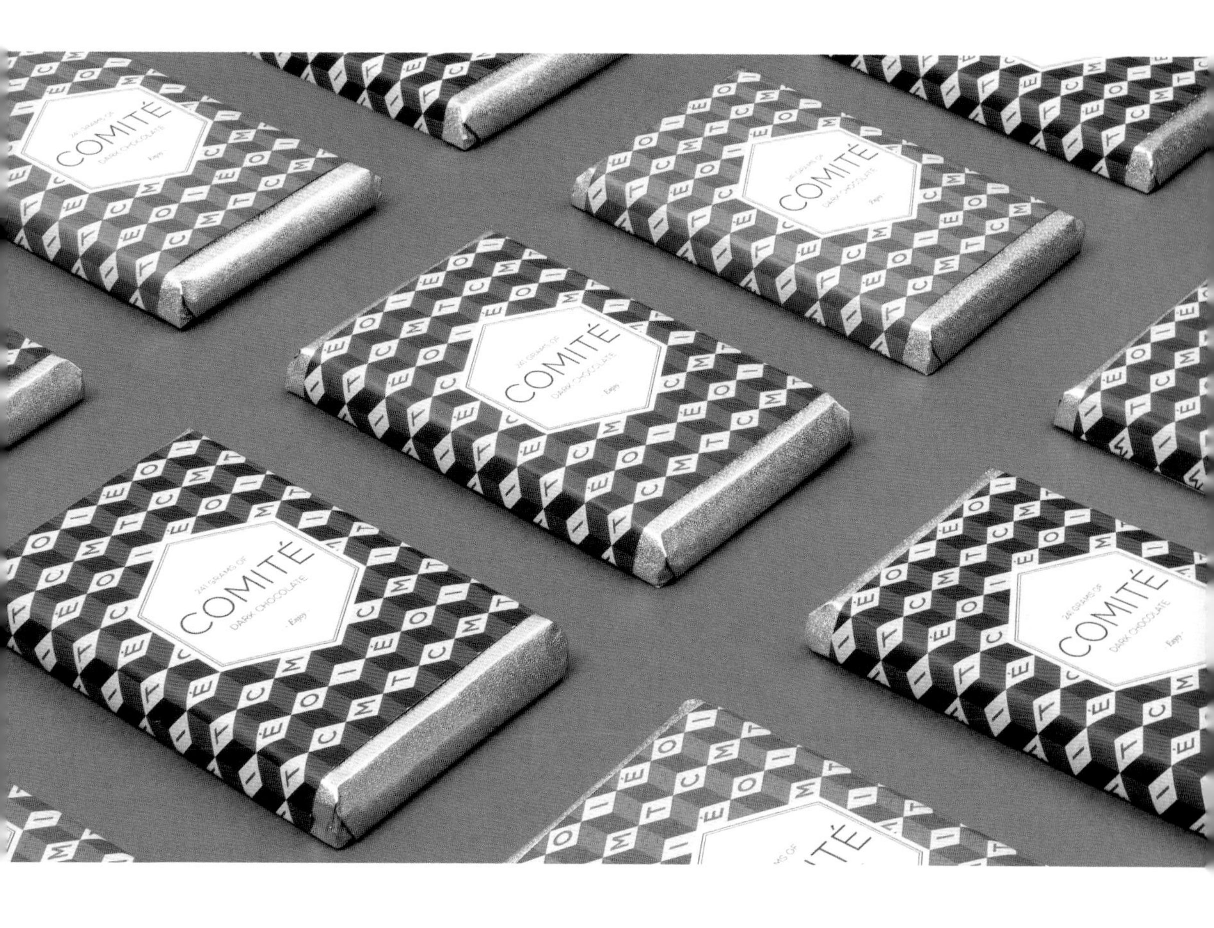

241 克 (241 Grams)

为了感谢客户和朋友们对我们的信任，我们设计出一款限量版巧克力。我们不仅设计了包装，还对巧克力板进行了再设计，重视每一个细节。

设计机构：科米特工作室
创意总监：艾博恩 · 阿佩兹特圭亚
设计总监：弗兰瑟斯克 · 莫拉塔
艺术总监：杰维尔 · 安德里斯 · 俄拉索 (Javier Andres Eraso)
客户：科米特工作室
摄影师：弗兰瑟斯克 · 莫拉塔

241 克

设计机构：科米特工作室
创意总监：艾博恩 · 阿佩兹特圭亚

莱克 (Like)

莱克是斯普林菲尔德的一款新型香水，被誉为“社交香水”。新成分和新包装是我们这款产品设计的亮点，而灵感来源于社交网络。

设计机构：科米特工作室
创意总监：艾博恩 · 阿佩兹特圭亚
设计总监：弗兰瑟斯克 · 莫拉塔
客户：普仪格 (Puig)
摄影师：弗兰瑟斯克 · 莫拉塔

SPRINGFIELD
LIKE
LIKE
SPRINGFIELD

莱克

设计机构：科米特工作室
创意总监：艾博恩 · 阿佩兹特圭亚

SPRINGFIELD
LIKE
FOR HER
100 ml 3.4 FL OZ
Eau de Toilette Natural Spray
SPRINGFIELD
LIKE
FOR HIM
100 ml 3.4 FL OZ
Eau de Toilette Natural Spray

CMM 明霜

一款集东西方美妆科技精粹的珍稀作品，自然需要一个与其内在价值高度匹配的容器来承载。圆润的瓶身犹如广博的大地托起一颗璀璨的金色明珠。在明霜的瓶器中，挑棒不再是一件可有可无用起来烦琐的累赘之物，反之变成了整体设计的点睛之笔。恰到好处的磁力会让挑棒在使用后自然吸附在盖体上。使用者会发现自己的名字及该瓶明霜的定制编号都被精致地雕刻在剔透的挑棒两端。挑棒的磁力也生动演绎着产品本身的哲学诉求：最高级的美其实正是这天地磁场间的和谐之美。

设计机构：念相创意
创意总监：姜国政
客户：郑明明

MING CREAM
明霜

明霜
MING CREAM
明霜

痘痘康抗粉刺肌肤护理包装设计

"痘痘康"是一个针对学生群体的专业祛痘品牌，属于专业皮肤治疗型产品，主要在药房和医院进行销售。基于对核心客户群体的分析，90%以上的用户为 16 ~ 22 岁的学生。以往产品主要集中在医院处方销售，因此产品形象极为理性，与常规的药物没有太大的差异。而在客户进行了销售渠道的拓展后，用户由被动选择转换为主动选择，这就需要产品形象在与目标用户的沟通上承载更加强烈的情感使命。因此，怎样在专业功效性与年轻趣味性之间形成一种恰到好处的平衡感就成为这个设计项目的核心命题。

在中文发音里"痘"与标点符号","的发音完全一致，因此我们为品牌创造了一个非常便于识别和传播的图形标志：",,X"。"X"在中文里有"不要、祛除"的意思。瓶标设计中，我们将一张逼真的医生处方表格单作为主体元素，而医生亲笔书写批注了对应功能信息，把看起来很枯燥的信息转换为更加生动的视觉形式。产品的外盒采用了圆柱形纸筒的包装形式，学生们可以把它当作笔筒来使用，这样品牌的信息可以出现在教室、宿舍、图书馆等各个环境中，为品牌提供了持续性的传播效应。

设计机构：念相创意
创意总监：姜国政
设计总监：陈丹
客户：痘痘康
摄影师：王凯

Salomé
CHATEAU SISI
ROSE
Water
玫瑰露饮品
ESSENCE OF INNERBEAUTY
FROM NATURAL ROSA SERTATA X ROSA
RUGOSA FLOWER EXTRACT
STEAM DISTILLED
净含量:260ML
Salomé
莎乐美

莎乐门玫瑰露饮品

设计机构：念相创意
创意总监：姜国政
设计总监：陈丹
客户：杰欧汀克 · 艾克泰克 (Geothink EcoTech)
摄影师：亚历克斯 · 黄 (Alex Huang)

霍尔希姆 · 艾格罗克（Holcim Agrocal）| 可循环利用包装

艾格罗克是一种天然环保的含钙和镁的粉末，能增加土壤肥力。它由拉法基 · 霍尔希姆研制，主要用于作物养殖，每袋 12 千克或25 千克。但为了方便城市花园园丁使用，现在改装成 4 千克一袋。

新的设计旨在使用环保和易降解的包装纸，所以包装纸只印有一种颜色。产品放置在一个木盒内，园丁一般不会立马扔掉它，而是会用作其他用途。木盒上刻有一些话，鼓励园丁将其用作收纳盒。空间有效原则是设计的重点：经过设计，木盒可以向上堆叠，形成独立物件，就不用专门找一个货架来摆放木盒。另一个为消费者设计的重要功能是木盒上有一个把手，方便使用者搬运携带。

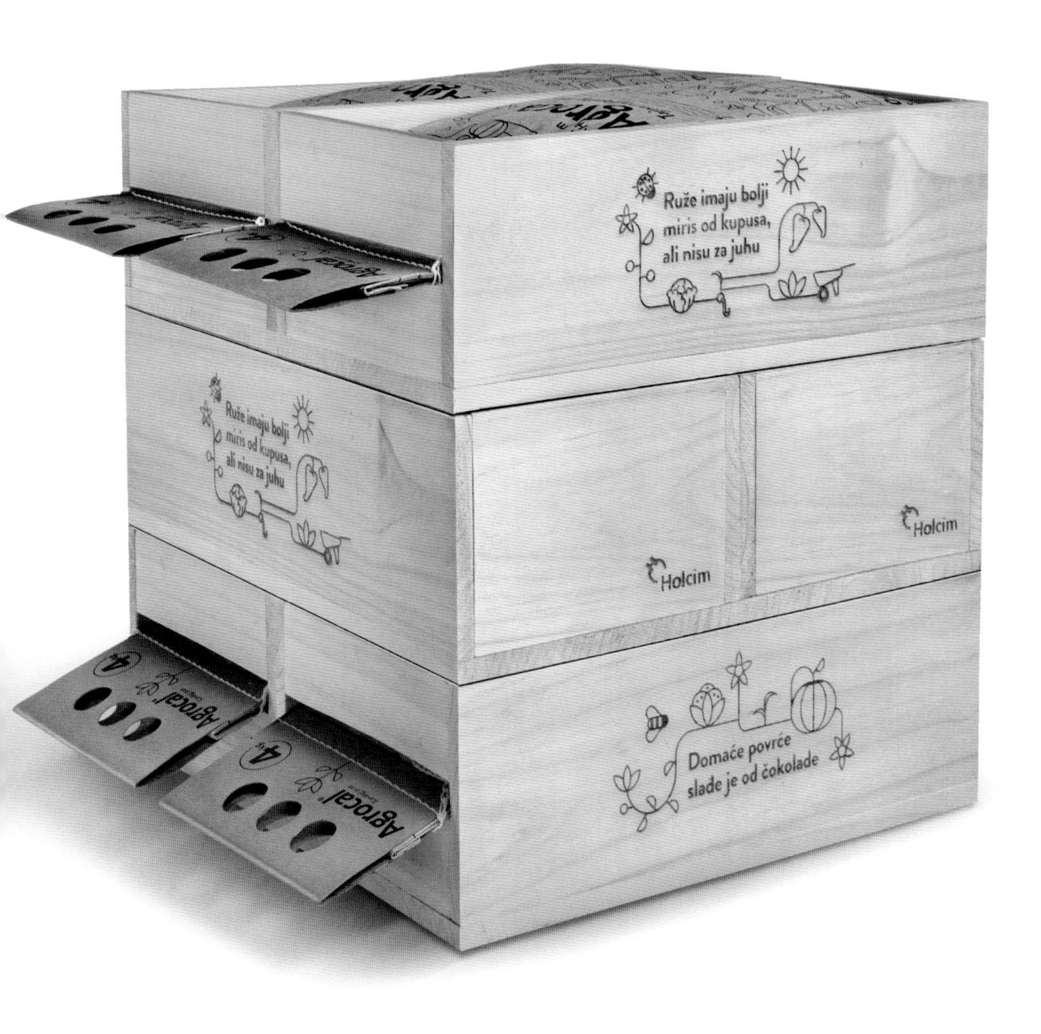

设计机构：桑达工作室 (Studio Sonda)
创意总监：叶莲娜 · 菲斯库斯 (Jelena Fiskus)、肖恩 · 波若帕特 (Sean Poropat)
艺术总监：马缇娜 · 西若蒂克 (Martina Sirotic)
客户：霍尔希姆 · 霍瓦萨克 (Holcim Hrvatska)
设计师：安德烈 · 格拉维西克 (Andrej Glavicic)
摄影师：肖恩 · 波若帕特
插画：尤金 · 斯拉维克 (Eugen Slavik)

霍尔希姆・艾格罗克 | 可循环利用包装

设计机构：桑达工作室
创意总监：叶莲娜・菲斯库斯、肖恩・波若帕特

Ruže imaju bolji
miris od kupusa,
ali nisu za juhu

Ruže imaju bolji
miris od kupusa,
ali nisu za juhu

PIQUENTUM
X/121
XI/178
XII/35
I/126
II/175
III/68
IV/69
V/85
VI/72
VII/143
VIII/177
IX/161

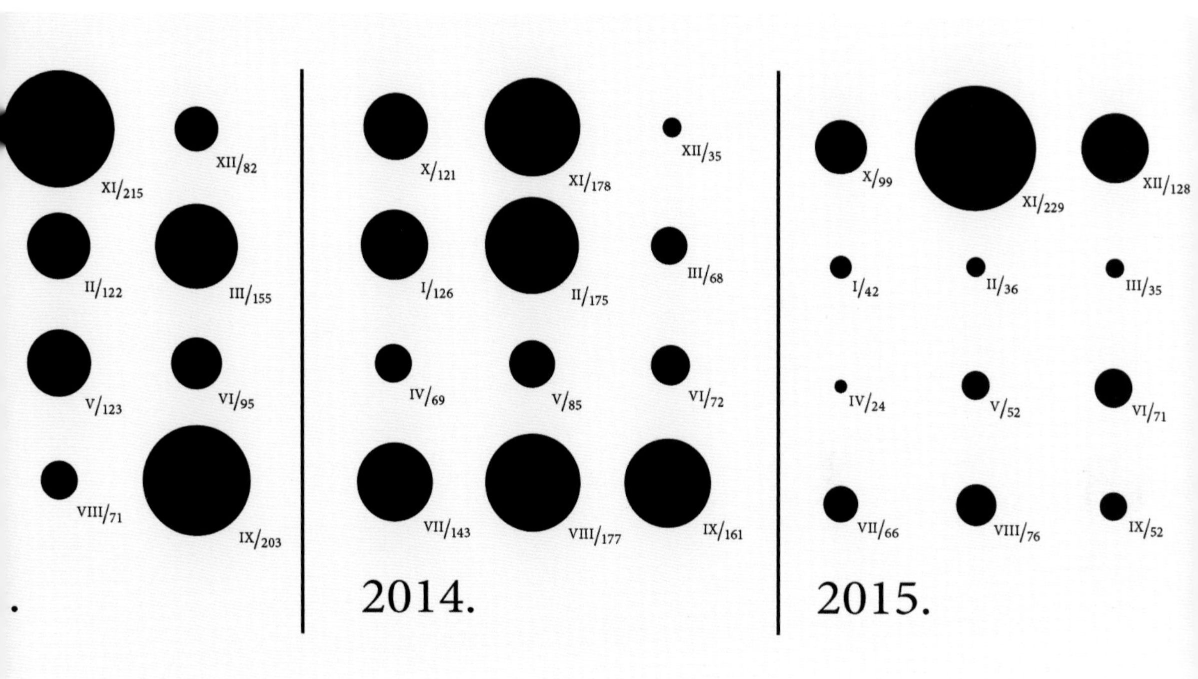

皮奎特姆圣维塔尔 2014(Piquentum St. Vital 2014)，标签尽显本质

酿制日期就写在瓶底，但有多少人真的明白葡萄收割年份的意义呢？采摘日期见证了葡萄酒成熟的自然过程，这是葡萄酒的"自传"。但由于杀虫剂和调味料的使用，瓶底书写的日期已经失去了它本来的意义。调料已经成为现成的味道，与天气状况没有关系。为了给天然葡萄酒设计一个新标签，我们觉得要提升人们对于葡萄酒年份重要性的认识。与克罗地亚气象服务中心合作，我们收集到了葡萄园每年的天气状况，并以图表方式体现降水量，由此表明天气是影响葡萄酒口感最重要的因素。圆圈是气象学中降水的标识，表示某月的具体降水量。这个标签向消费者传递出酿制年份的天气状况，以便顾客进行最佳年份的对比。通过这种方式，酒作为历史上最富盛名的产物，成为人们理解气候重要性的重要方式。

设计机构：桑达工作室
创意总监：叶莲娜 · 菲斯库斯、肖恩 · 波若帕特
客户：维斯基 · 波德姆 · 布泽特 (Vinski Podrum Buzet)
摄影师：肖恩 · 波若帕特
3D 造型：尤金 · 斯拉维克

皮奎特姆圣维塔尔 2014，标签尽显本质

设计机构：桑达工作室
创意总监：叶莲娜 · 菲斯库斯、肖恩 · 波若帕特

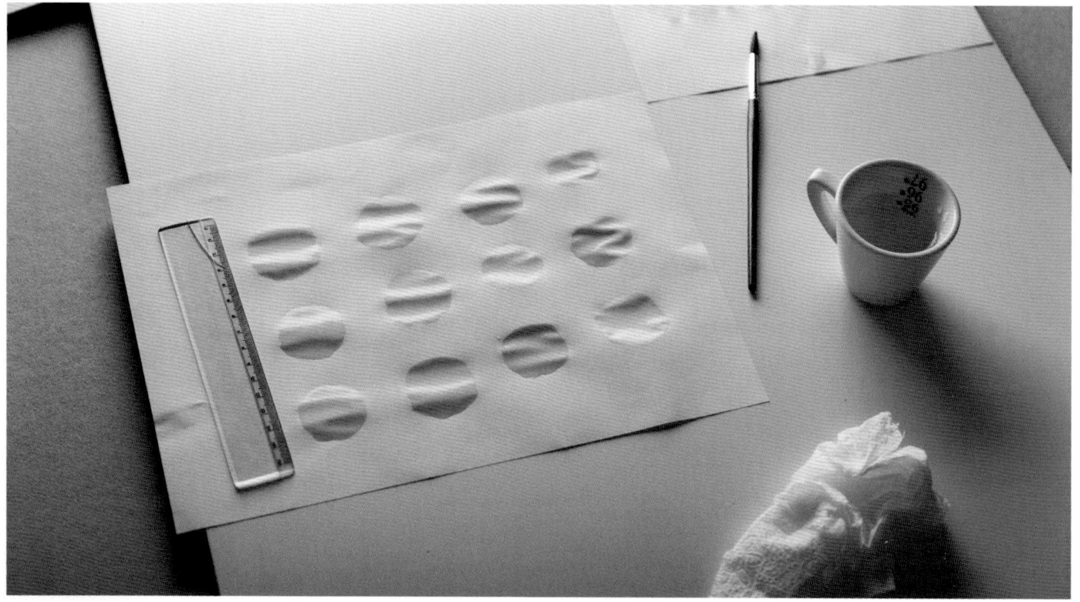

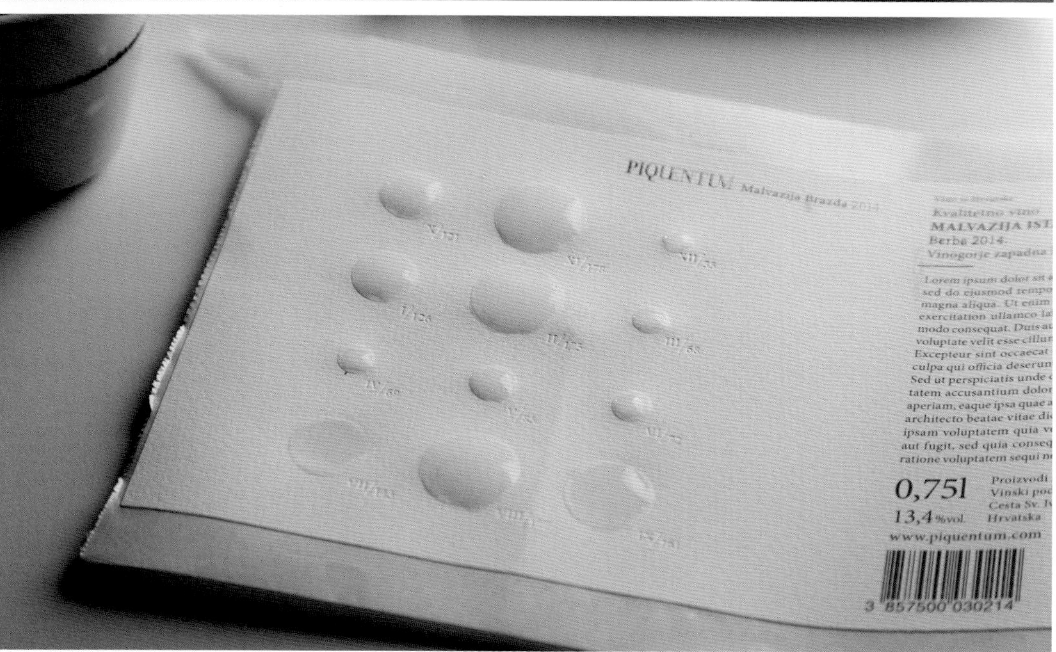
PIQUENTUM Malvazija Brazda 2014
Kvalitetno vino
MALVAZIJA IST
Berba 2014.
Vinogorje zapadna
Lorem ipsum dolor sit
sed do eiusmod tempo
magna aliqua. Ut enim
exercitation ullamco la
modo consequat. Duis au
voluptate velit esse cillu
Excepteur sint occaecat
culpa qui officia deserun
Sed ut perspiciatis unde
tatem accusantium dolor
aperiam, eaque ipsa quae a
architecto beatae vitae di
ipsam voluptatem quia v
aut fugit, sed quia conseq
ratione voluptatem sequi n
0,75l
13,4 %vol.
Proizvodi
Vinski po
Cesta Sv.
Hrvatska
www.piquentum.com
3 857500 030214

PIQUENTUM
Brazda'12
Istrian Malvasia
The grapes for this wine matured on the vineyard grown on Istrian ruddle soil, rich in iron and bauxite, that is treated solely by natural methods for 80 years. The wine is made in the traditional Istrian manner by spontaneous fermentation. Aged in oak barrels for 18 months. Organic product.
LABEL: Glas Istre, daily newspaper of the Istrian region, September 21st 2012. edition, on the day of the grape harvesting for the wine Brazda.
PRODUCED AND BOTTLED BY:
Dimitri Brečević, Vinski podrum Buzet
Buzet, Istria, Croatia
No.
12.5%vol. Product of Croatia 0.75l

皮奎特姆·布拉兹达’12(Piquentum Brazda ’12)

设计一个独特的瓶装标签，前期准备很重要。2014 年装瓶的限量版只有 200 瓶，酿制年份为 2012 年，具体日期是 2012 年 9 月 21 日。这一天，克罗地亚的伊斯特里亚（Istria）葡萄园出产了这一批葡萄作为原材料，这批葡萄之所以特别是因为过去 80 年来庄园一直以天然的方式培育这种独特品种。因此，葡萄园充分反映出葡萄酒生产商迪米特里·布里瑟维克（Dimitri Brecevic）的经营理念——时间、空间、真诚。这位葡萄酒制造商相信，这个理念对于葡萄酒的质量至关重要。

因此，这款有机葡萄酒的瓶装标签使用了 200 张《格拉斯·伊斯特》（*Glas Istre*）——伊斯特拉地区日报。报纸日期刚好是葡萄采摘的日期，体现出酿制时间（2012 年 9 月 21 日）、酿制地点（报纸的所在地）和真实性（通过报纸传达出酿制的时间、地点）。使用 2012 年 9 月 21 日的报纸作为包装标签突显出诚信这一理念：报纸去掉了多余的部分，只反映出葡萄酒的时间特质。同时，表格化的报纸内容像是葡萄庄园的培育基地，与葡萄酒的名称“布拉兹达” 相呼应。这个产品名称在克罗地亚语中的意思就是犁沟，即用犁开垦出了沟渠。

设计机构：桑达工作室
创意总监：叶莲娜·菲斯库斯、肖恩·波若帕特
客户：维斯基·波德姆·布泽特
摄影师：肖恩·波若帕特

SMALL
BATCH
ARTHUR
FORTIFIED WINES
AGED IN COGNAC BARRELS
MARGARET RIVER
BARREL AGED MUSCAT

NATASHA ARTHUR
WINEMAKER
SMALL
BATCH
ARTHUR
FORTIFIED WINES

亚瑟葡萄酒马斯科特 (Arthur Wines Muscat)

亚瑟葡萄酒想要换一款特别的新包装，将一小批葡萄酒印上马斯科特的标识，仅推出 1000 瓶。我们面临的挑战就是在传播效果和成本之间找到平衡点。于是，我们设计出了一款黑色商标——用银色和蓝绿色来突显出匠人品质。通过特别的印刷技术降低装饰成本，同时依旧使用有良好视觉效果的昂贵技术。

设计机构：遗失 & 寻找工作室 (Studio Lost & Found)
设计师：萨沙 · 尼卡克斯 (Stasha Nikakos)
创意总监：丹尼尔 · 麦克凯汀 (Daniel McKeating)
客户：亚瑟葡萄酒
摄影师：杰 · 海菲兹 (Jay Heifetz)

CHALICE BRIDGE
LIMITED
THE
CHALICE
MARGARET RIVER
2008 CABERNET SAUVIGNON

查理斯 (The Chalice)

查理斯桥希望发行一款限量版特级葡萄酒，以代表他们的产品组合“圣杯”（Holy Grail）。设计需要符合查理斯桥的品牌故事，并传递出60美元的价格信息。我们设计出的新品牌系列称作“查理斯”，它体现出一系列高端特质：法国进口玻璃瓶、斯蒂文·勒克斯瓶盖、无膜触感纸料、高雅印刷、银锡箔、瓶装序列号。查理斯桥中端系列称作“奎斯特”（The Quest），它的插画设计是源于圣殿骑士（Knights Templar）和骑士们不懈追求圣杯的故事。

设计机构：遗失 & 寻找工作室
设计师：丹尼尔·麦克凯汀
创意总监：丹尼尔·麦克凯汀
客户：查理斯桥 (Chalice Bridge Estate)
摄影师：杰·海菲兹

TORRENT
perfetto!
SWAN VALLEY
CABERNET SAUVIGNON
2013

TORRENT
Me Ne Frego!
SWAN VALLEY
GRENACHE
2015

TORRENT
Cosa stai dicendo?
SWAN VALLEY
SHIRAZ GRENACHE
2013

如何像意大利人一样说话

托伦特(Torrent)葡萄酒是天鹅谷(Swan Valley)系列的第三代产品。在找到我们之前，这款酒仅仅用来送家人朋友。为了拓展销售渠道，托伦特葡萄酒在寻找一个适合零售渠道的新商标。
我们的品牌策略是：向意大利传统致敬，宣扬他们对家庭、食物和美酒的无限激情，让这款酒在天鹅谷系列中脱颖而出。在入门级系列产品中，我们的设计理念是宣扬意大利传统，同时搭配各式各样的手势，向意大利的手语传统致敬。

设计机构：遗失 & 寻找工作室
设计师：乔蒂·普莱森扎、丹尼尔·麦克凯汀
创意总监：丹尼尔·麦克凯汀
客户：托伦特葡萄酒
摄影师：杰·海菲兹

SURF'N'FRIES®
ORIGINAL

SURF'N'FRIES
ORIGINAL
SURF'N'FRIES®
ORIGINAL
SURF'N'FRIES
ORIGINAL
Organic
Fries

冲浪薯条 (SURF'N'FRIES) 包装设计

冲浪薯条是 20 世纪 50 年代加利福尼亚主题的炸薯条系列。它的包装就是成功的关键。赞贝利 (Zambelli) 为品牌设计的理念就是：冲浪代表自由，冲浪薯条则代表一种对食物和生活方式的自由选择。这种多功能包装设计包括薯条槽、两个酱料槽和一个饮料槽。

设计机构：赞贝利品牌设计 (Zambelli Brand Design)
设计师：安雅 · 赞贝利 · 可拉克 (Anja Zambelli Čolak)
创意总监：安雅 · 赞贝利 · 可拉克
客户：冲浪薯条阿德利亚 (Surf 'n'fries Adria)
摄影师：伊戈尔 · 西塔 (Igor Sitar)

SURF'N'FRIES

SURF'N'FRIES

浪薯条包装设计

机构：赞贝利品牌设计
师：安雅·赞贝利·可拉克

DM50 活动定位和展示包装设计

我们有幸设计一场特别的周年庆典。我们基于客户的原创要求和 50 周年这一主题，采用特别的纸质包装和打印技术，设计出一整套产品、礼物和贺卡。

设计机构：赞贝利品牌设计
设计师：安雅 · 赞贝利 · 可拉克
创意总监：安雅 · 赞贝利 · 可拉克
客户：DM 家庭 (DM family)
摄影师：伊凡 · 浦西克 (Ivan Pucić)

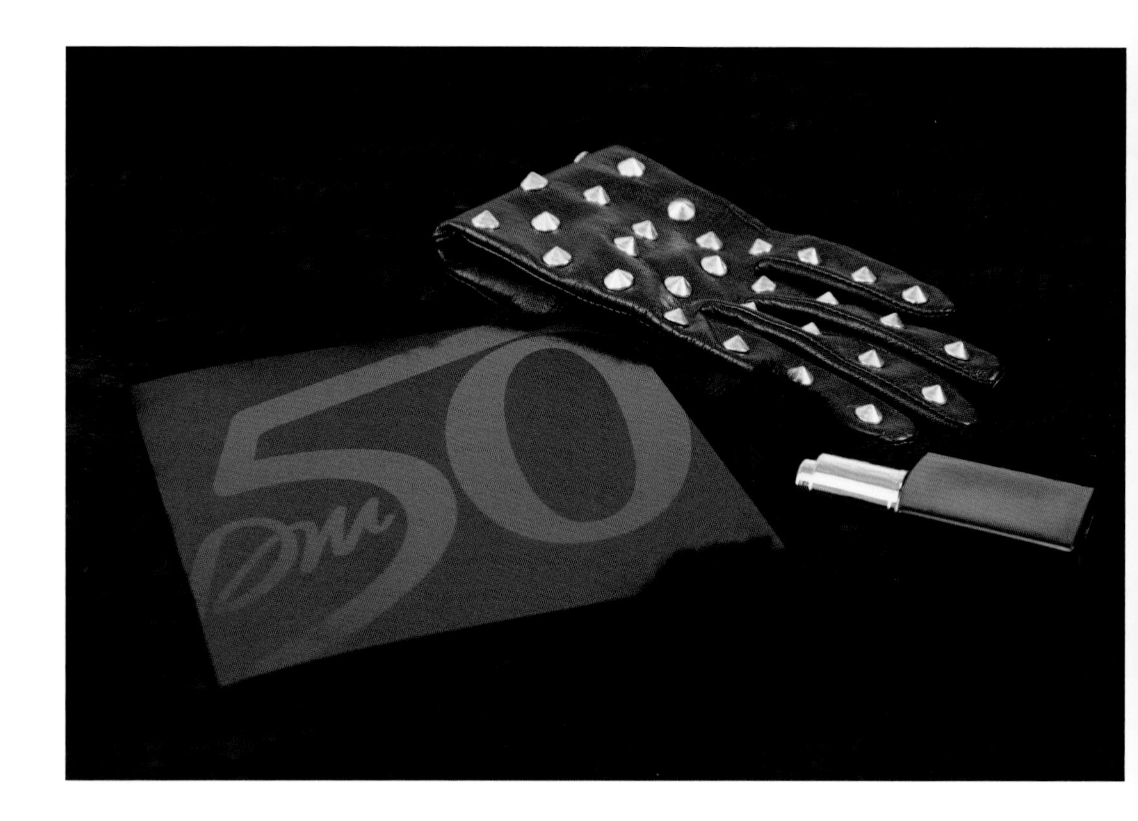

DM50 活动定位和展示包装设计

设计机构：赞贝利品牌设计
设计师：安雅 · 赞贝利 · 可拉克

凯莎（Kisha），世界上最智能的伞

凯莎是世界上最智能的伞装设计，这可能是你能买到的最聪明的伞了。凯莎通过蓝牙连接耳机，如果你忘带伞它就会提示。我们决定设计出一款令人印象深刻的特别包装。凯莎的包装结构可以抵挡运输途中的所有外力，因为我们采用的是管状设计，能保证智能伞在路途中完好无损。

设计机构：赞贝利品牌设计
设计师：安雅·赞贝利·可拉克
创意总监：安雅·赞贝利·可拉克
客户：与我同在技术有限公司 (Always with me technologies Ltd.)
摄影师：伊戈尔·西塔

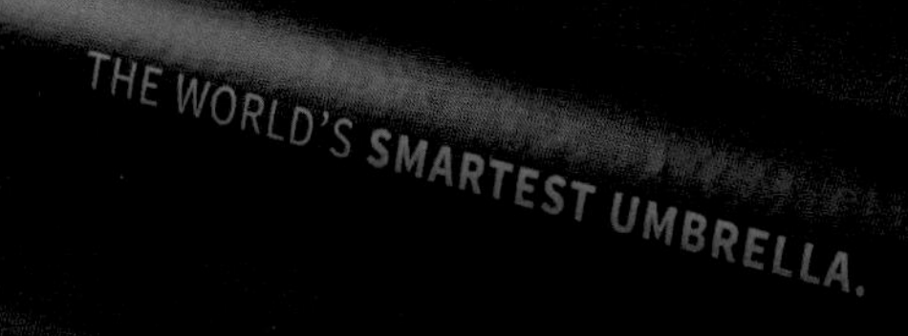

KISHA

Bluetooth™ connected umbrella

THE WORLD'S SMARTEST UMBRELLA.

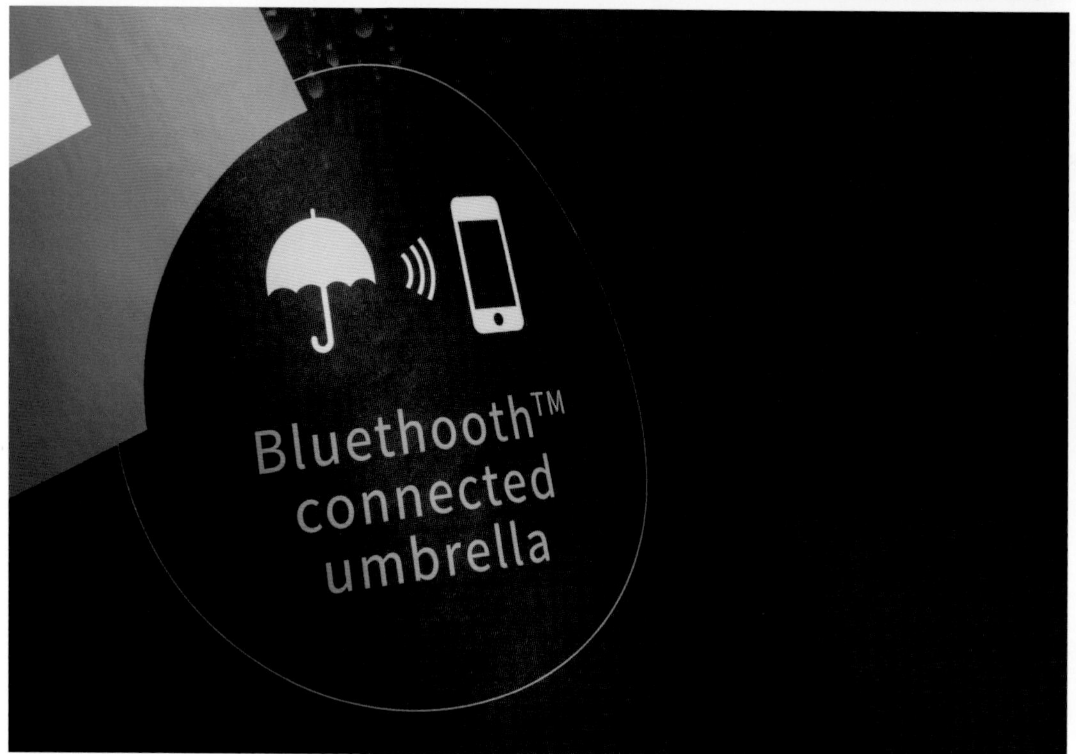

凯莎，世界上最智能的伞

设计机构：赞贝利品牌设计
设计师：安雅·赞贝利·可拉克

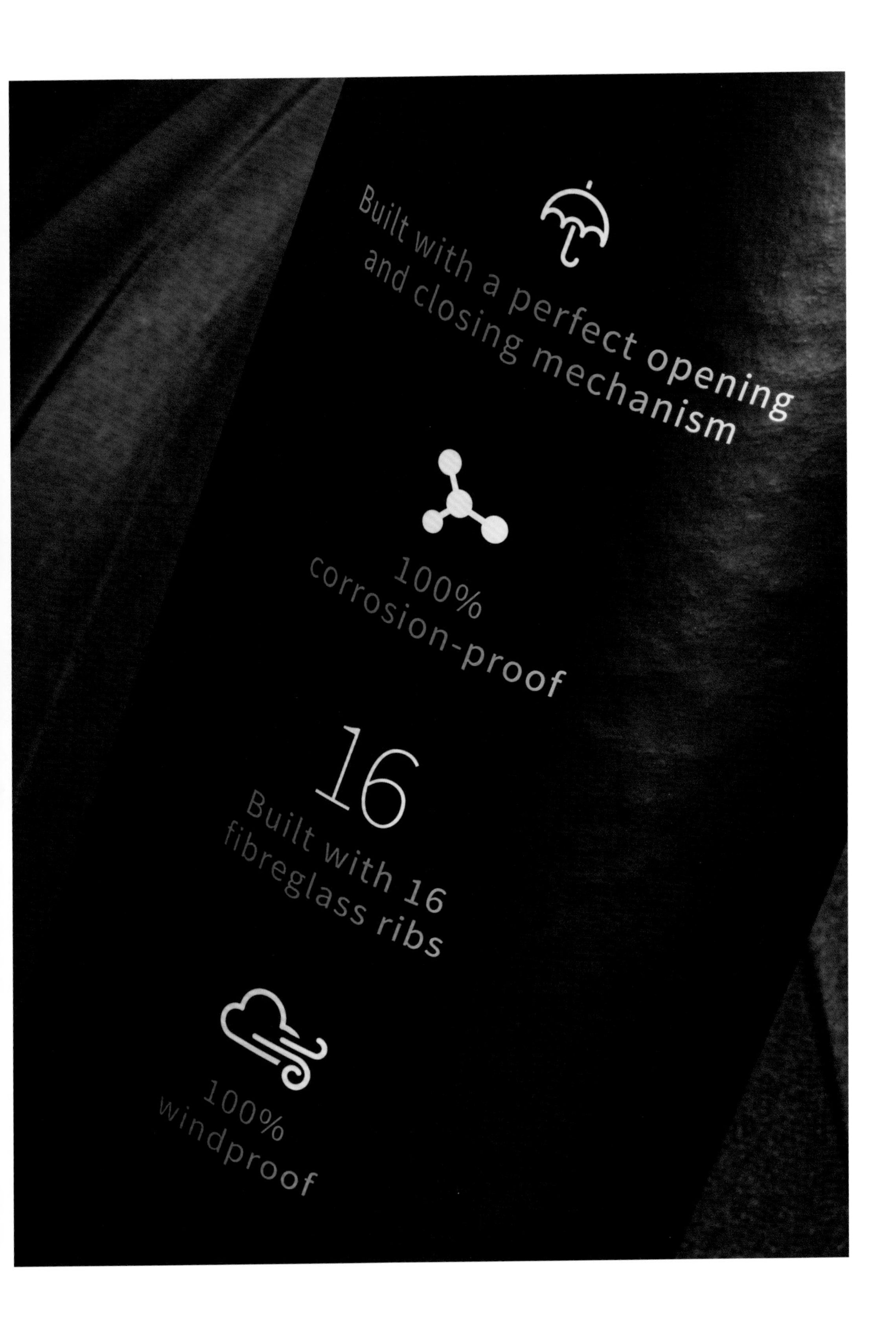
Built with a perfect opening and closing mechanism
100% corrosion-proof
16
Built with 16 fibreglass ribs
100% windproof

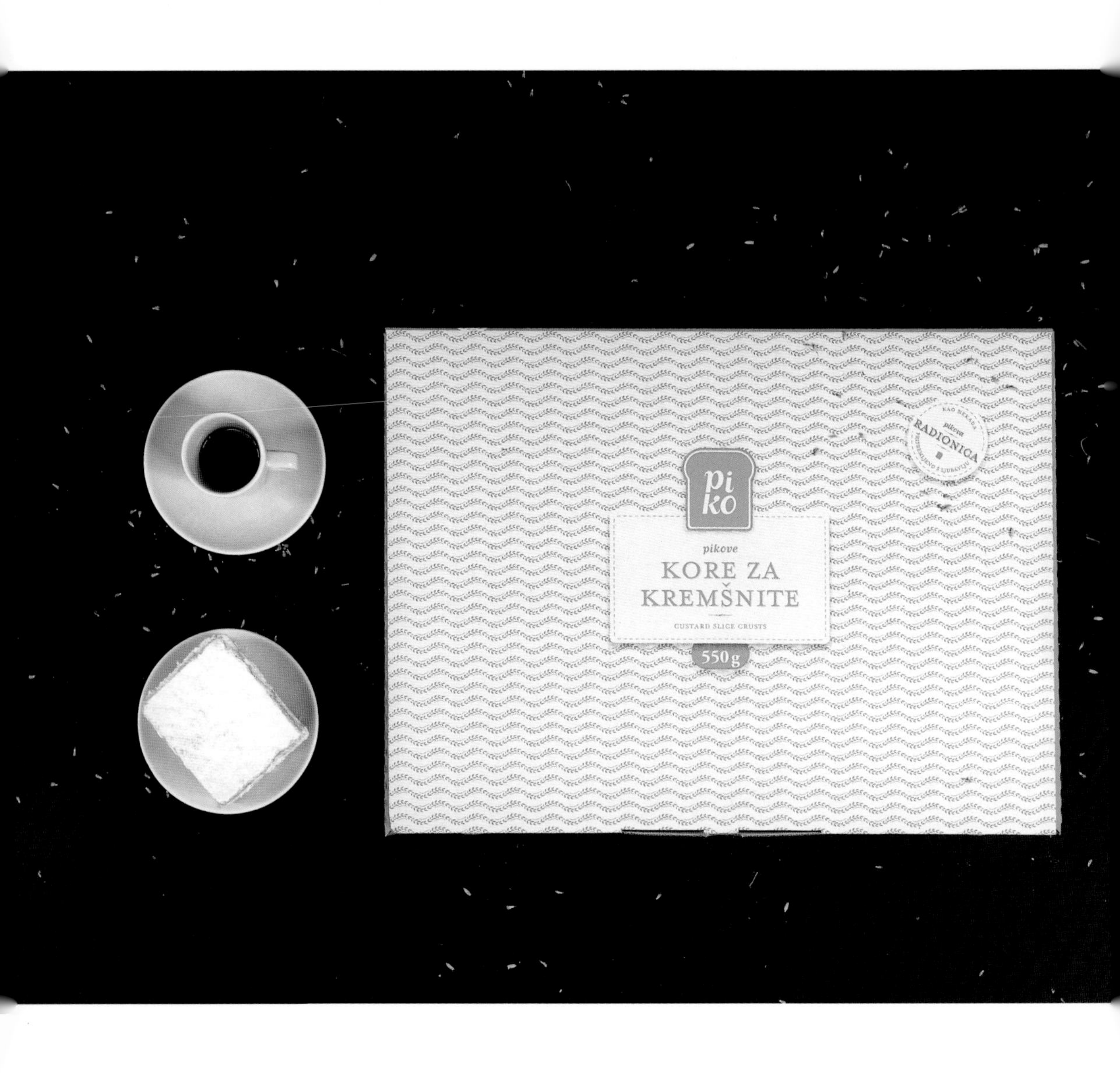

皮寇（Piko）面包产品包装设计

皮寇是一个高端面包本土生产商，已有 65 年历史。我们设计出的品牌包装强化了它的面包传统和悠久历史。特别的是，我们使用了老照片、暖色调、木质纹理、藤条和黄麻作为背景，营造出一种时尚而又温暖的感觉。

设计机构：赞贝利品牌设计
设计师：安雅 · 赞贝利 · 可拉克
创意总监：安雅 · 赞贝利 · 可拉克
客户：皮克 d.d.(Pik d.d.)

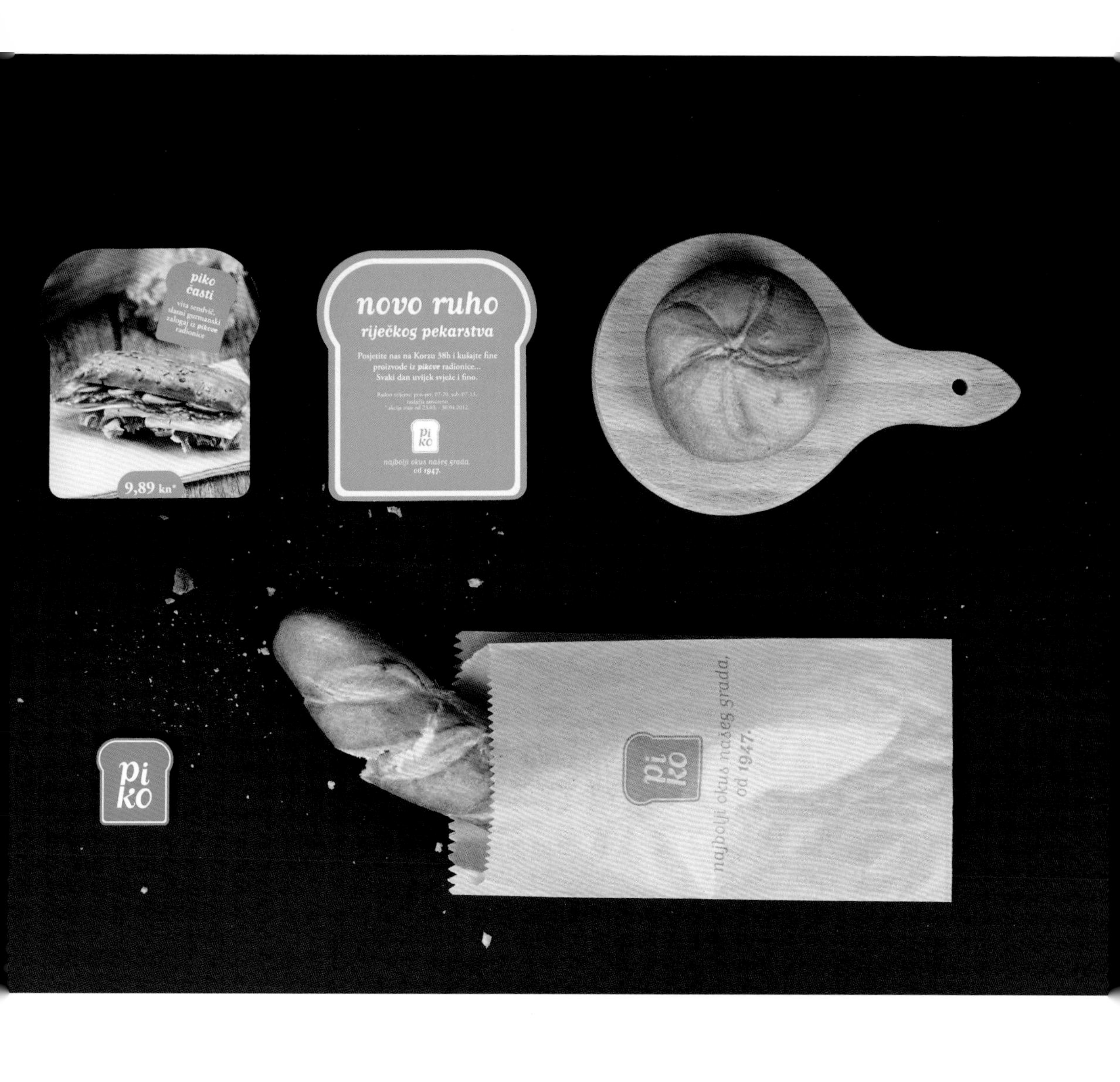
piko
časti
vita sendvič,
slasni gurmanski
zalogaj iz pikove
radionice
9,89 kn*
novo ruho
riječkog pekarstva
Posjetite nas na Korzu 38b i kušajte fine
proizvode iz pikove radionice...
Svaki dan uvijek svježe i fino.
pi
ko
najbolji okus našeg grada,
od 1947.
pi
ko
pi
ko
najbolji okus našeg grada,
od 1947.

皮寇面包产品包装设计

设计机构：赞贝利品牌设计
设计师：安雅 · 赞贝利 · 可拉克

pi
ko
pikova
PINCA
RADIONICA

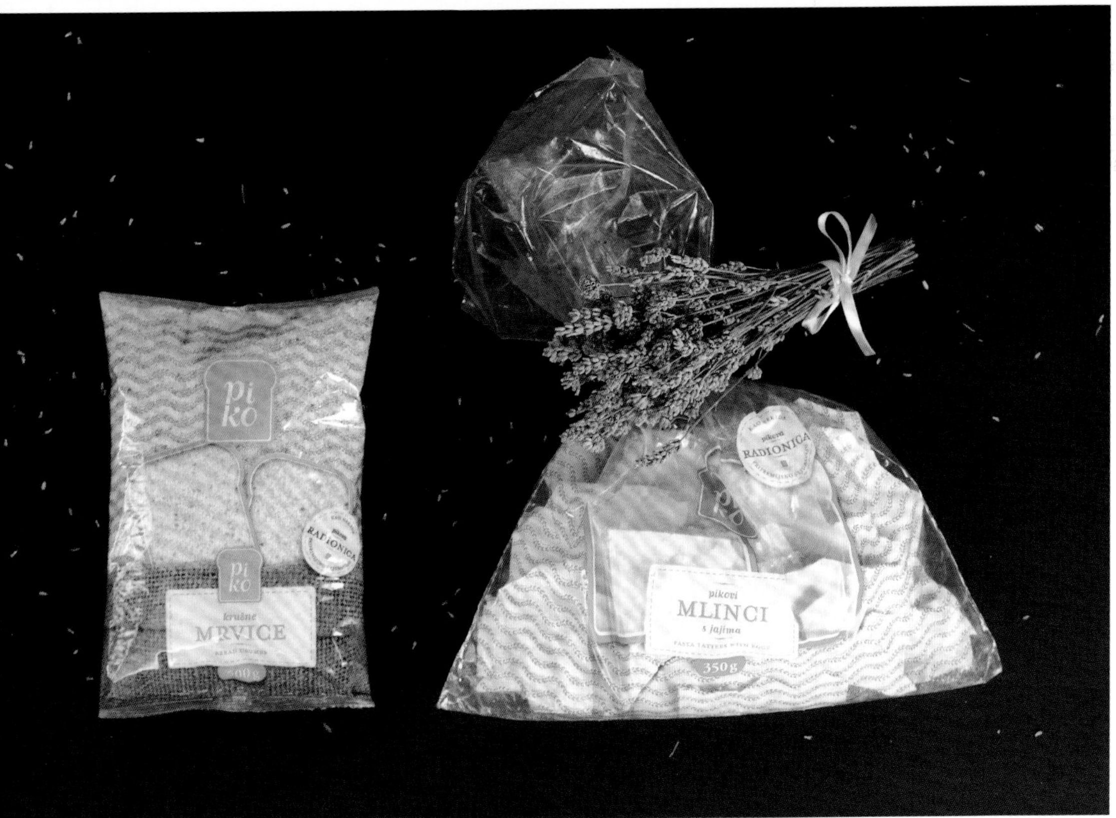
pi
ko
RADIONICA
pi
ko
krušne
MRVICE
pikova
RADIONICA
pikovi
MLINCI
s jajima
350g

奥斯卡·玛尔品牌设计

该产品的自营销包装包括 DVD 线轴、木制激光雕刻卡片和印刷组合。手工木质盒里面有定制绘画和激光雕刻。

设计师：奥斯卡·玛尔 (Oscar Mar)
摄影师：奥斯卡·玛尔

OSCAR MAR
WORKS
WWW.OSCARMAR.COM

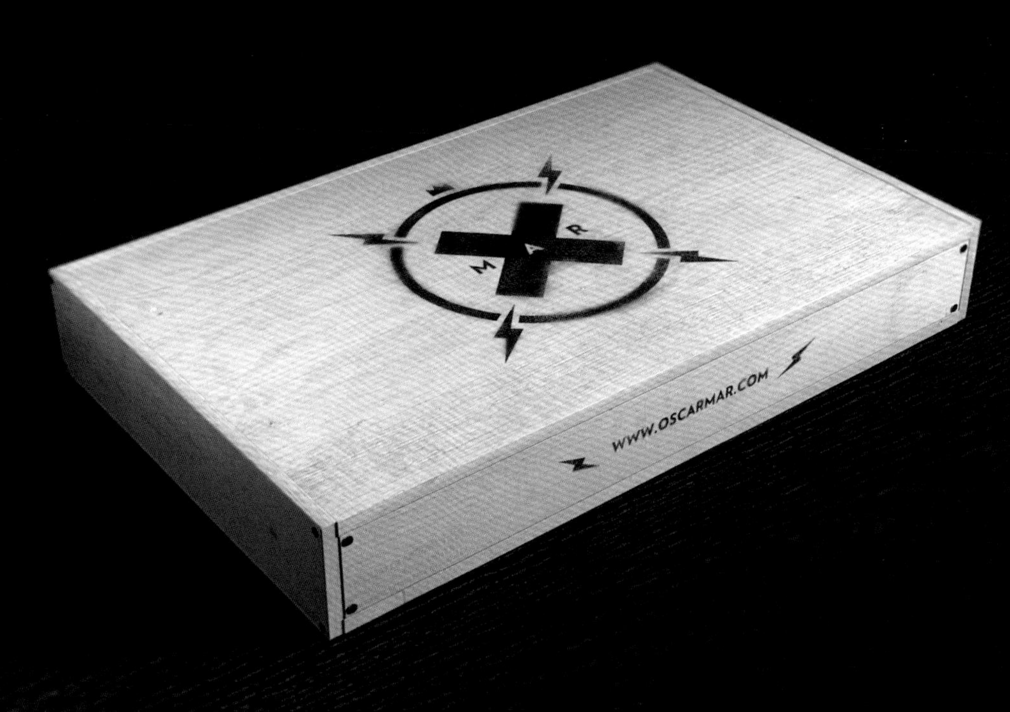
M A R
WWW.OSCARMAR.COM

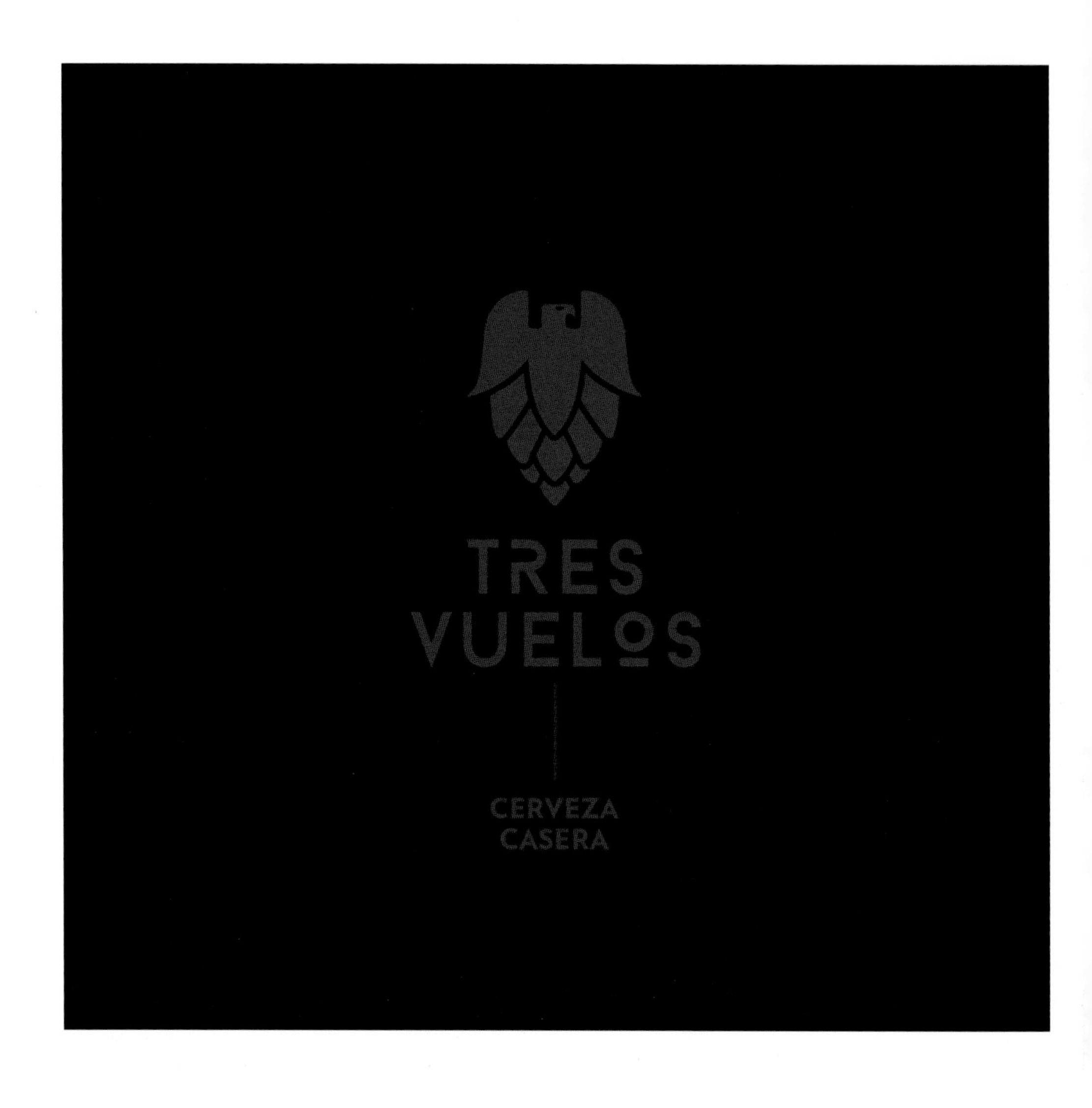

特斯 · 伍罗斯 (Tres Vuelos) | 自制啤酒

在英语和西班牙语中，航线一词“flight / vuelo”可以用来描述不同啤酒的种类或飞行的过程和行动。我们决定结合这些主题，在我们的自制品牌里添加飞翔的想象力。限量版特斯·伍罗斯的意思是3条航线，这款酒是位于墨西哥蒙特雷的3个朋友酿制的，所以品牌名称里的“3”意味着在假日里与朋友家人分享。在得到积极评价之后，我们使用更好的材料来设计商标，采用定制木工来设计包装。特斯 · 伍罗斯啤酒最终设计为一款送给顾客、朋友和家人的限量谢礼，外包装采用光漆木盒。

设计师：奥斯卡 · 玛尔
创意总监：奥斯卡 · 玛尔、丹尼尔 · 萨勒扎 (Daniel Salazar)、里卡多 · 李欧斯 (Ricardo Rios)、费尔南多 · 维尔斯 (Fernando Vales)
摄影师：奥斯卡 · 玛尔

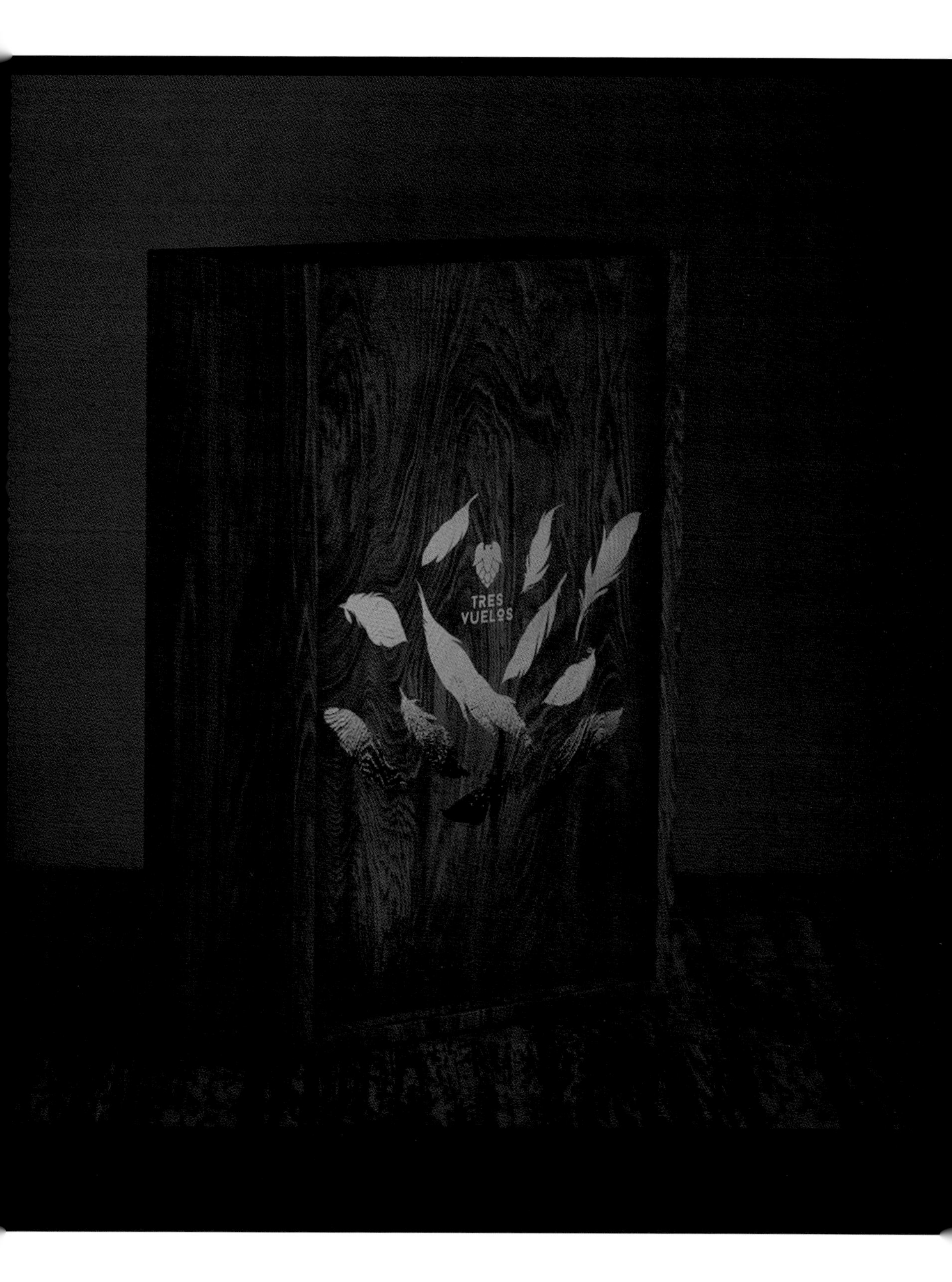
TRES
VUELOS

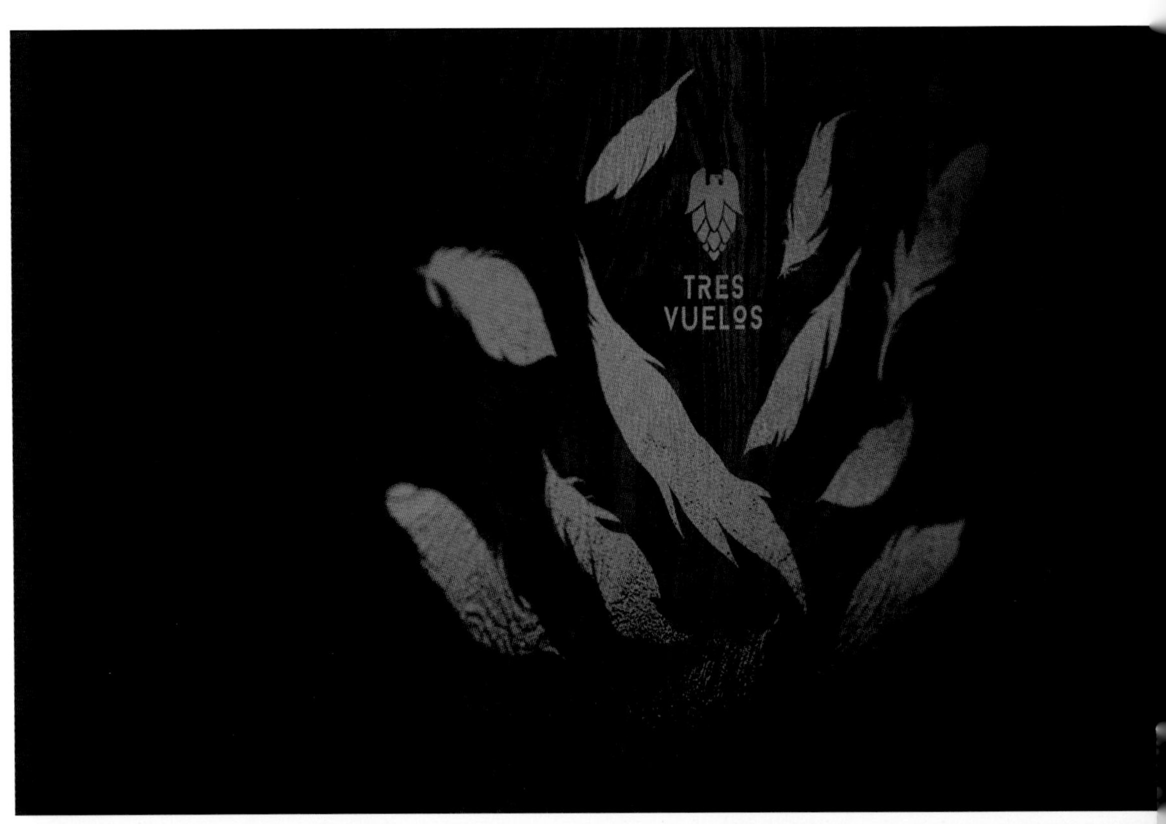

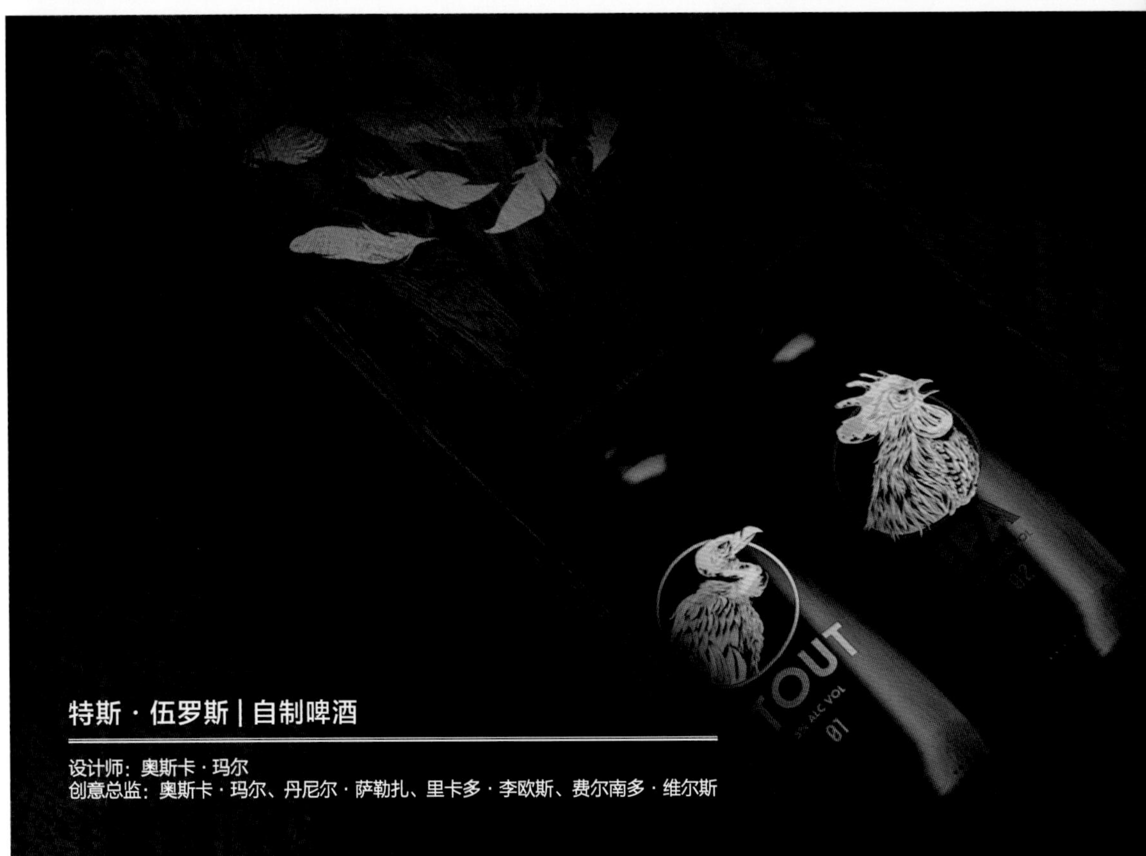

特斯·伍罗斯 | 自制啤酒

设计师：奥斯卡·玛尔
创意总监：奥斯卡·玛尔、丹尼尔·萨勒扎、里卡多·李欧斯、费尔南多·维尔斯

TRES
VUELOS
STOUT
5% ALC VOL
01
ALC VOL
02

特斯·伍罗斯 | 自制啤酒

设计师：奥斯卡·玛尔
创意总监：奥斯卡·玛尔、丹尼尔·萨勒扎、里卡多·李欧斯、费尔南多·维尔斯

TRES

北纬 30 度

宜兴茶，古为唐贡，陆羽《茶经》有云：“阳崖阴林，紫者上，绿者次；笋者上，芽者次……芬芳冠世产，可供上方。”宜兴南部山区是中国最享有盛誉的古茶区之一，位于中国优质产茶带的北纬 30 度，这里是中国高端茶产区。品牌形象主要在包装上，突显出“30 度”字样。数字“3”形似一片树叶，像一丝雾气缓缓上升。包装的主画面中还加入了群山和河流，以突显宜兴特产——暗红色陶瓷茶壶的抽象图案，还融入了宜兴著名风景的元素，比如茶山和大兴寺等。一边欣赏名山大川，一边品尝名茶，让人沉浸其中，满怀诗情画意。三座山丘、两条河流和一壶好茶，这就是宜兴茶的特色。

设计机构：昱弘设计工作室
设计师：张海峰
客户：梁实记
摄影师：方超

梁實記

宜興茶，古為唐貢，陸羽《茶經》有雲："陽崖陰林，紫者上，綠者次，筍者上，芽者次，芬芳冠世產，可供上方"。宜興南部山區是中國最享有盛譽的古茶區之壹。其地理位於中國優質產茶帶的北緯三十度。

珍惜茶

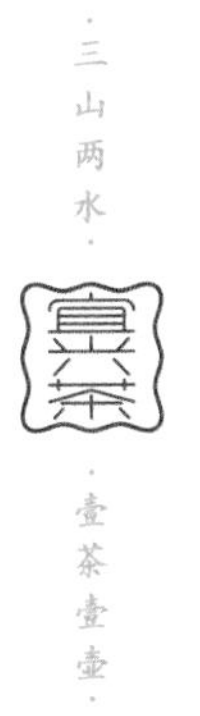

宜兴茶，古为唐贡，陆羽《茶
经》有云：『阳崖阴林，紫者
上，绿者次，笋者上，芽者
次，芬芳冠世产，可供上
方』。宜兴南部山区，是中国
最享有盛誉的古茶区
之一。其地理位于中国优质产
茶带的北纬三十度。

北纬 30 度

设计机构：昱弘设计工作室
设计师：张海峰

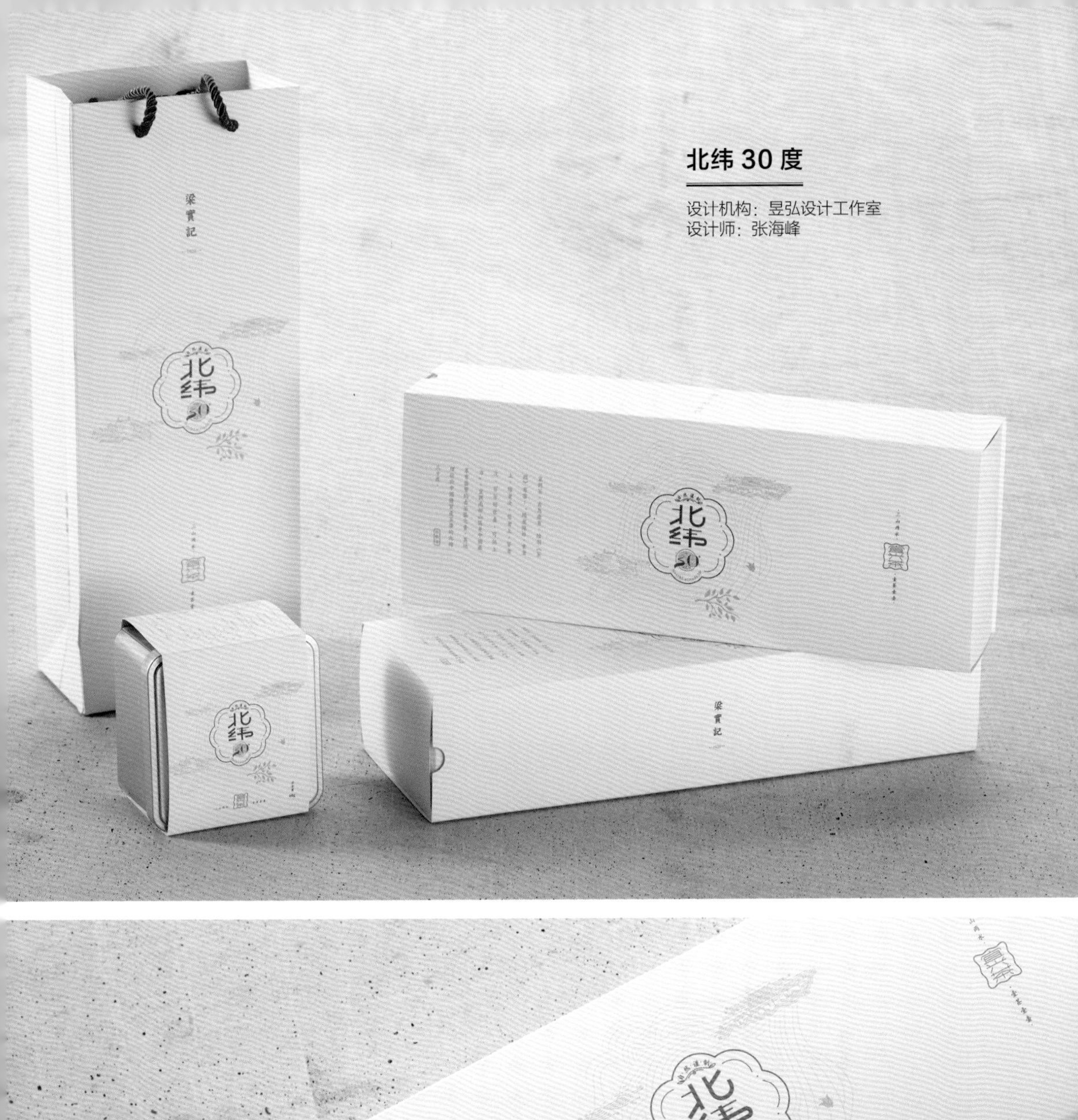

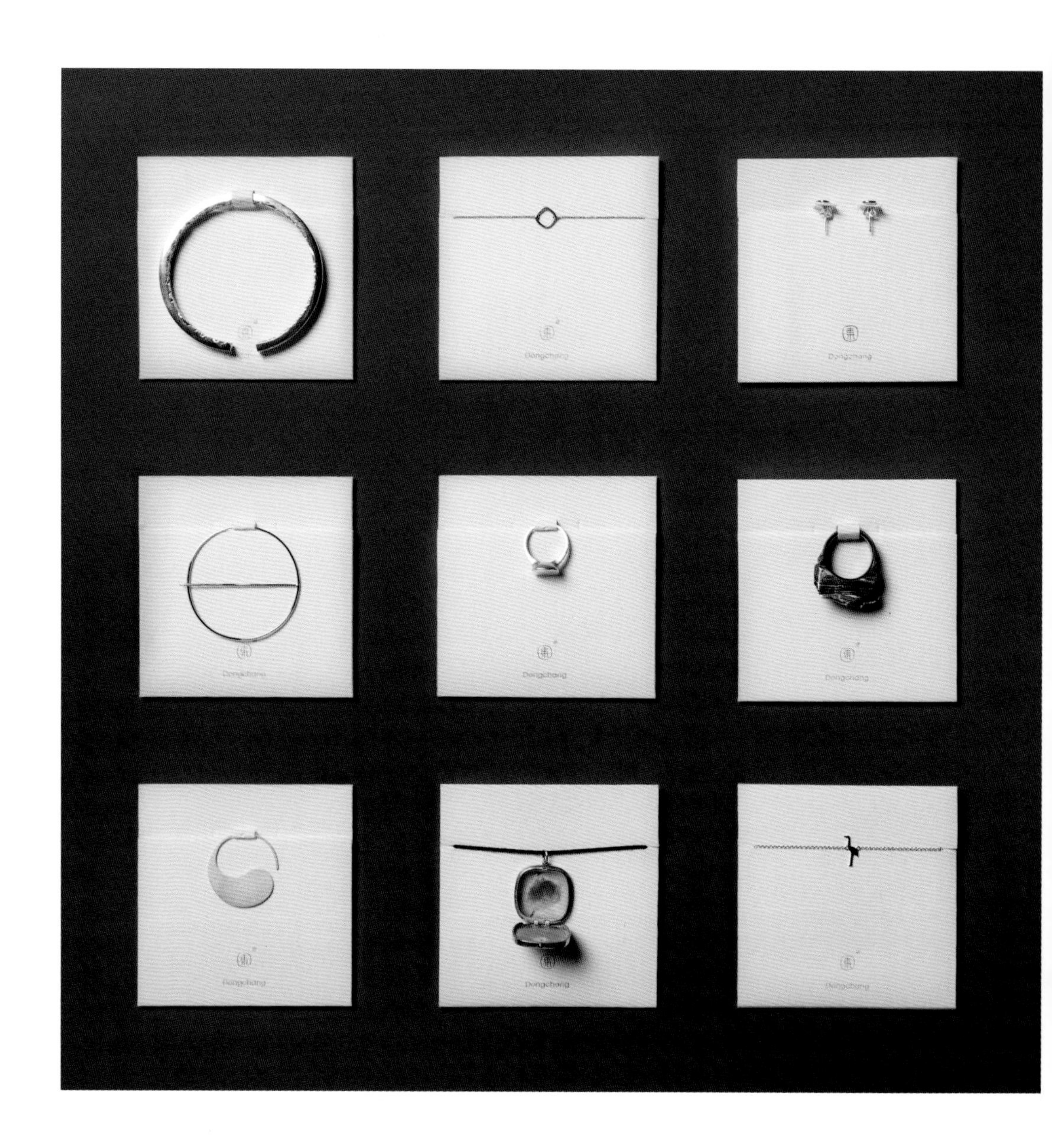

我们在寻找改变盒子的方法

原始包装，灵感来源于东方包裹文化。不仅在折合动作上沿袭了包裹折叠的行为，在本质上也延续了东方收纳的思考。包裹文化的核心正是用材料本身的特性去完成收纳的目的，在尽可能不使用其他构件的前提下，用一块布、一片纸等材料，靠其结构本身完成收纳。单纯的纸质材料，以卡榫形式连接组合，在概念上与东方的包裹文化有异曲同工之妙。

设计机构：东长首饰工作室
摄影：东长设计

GIFT CARD

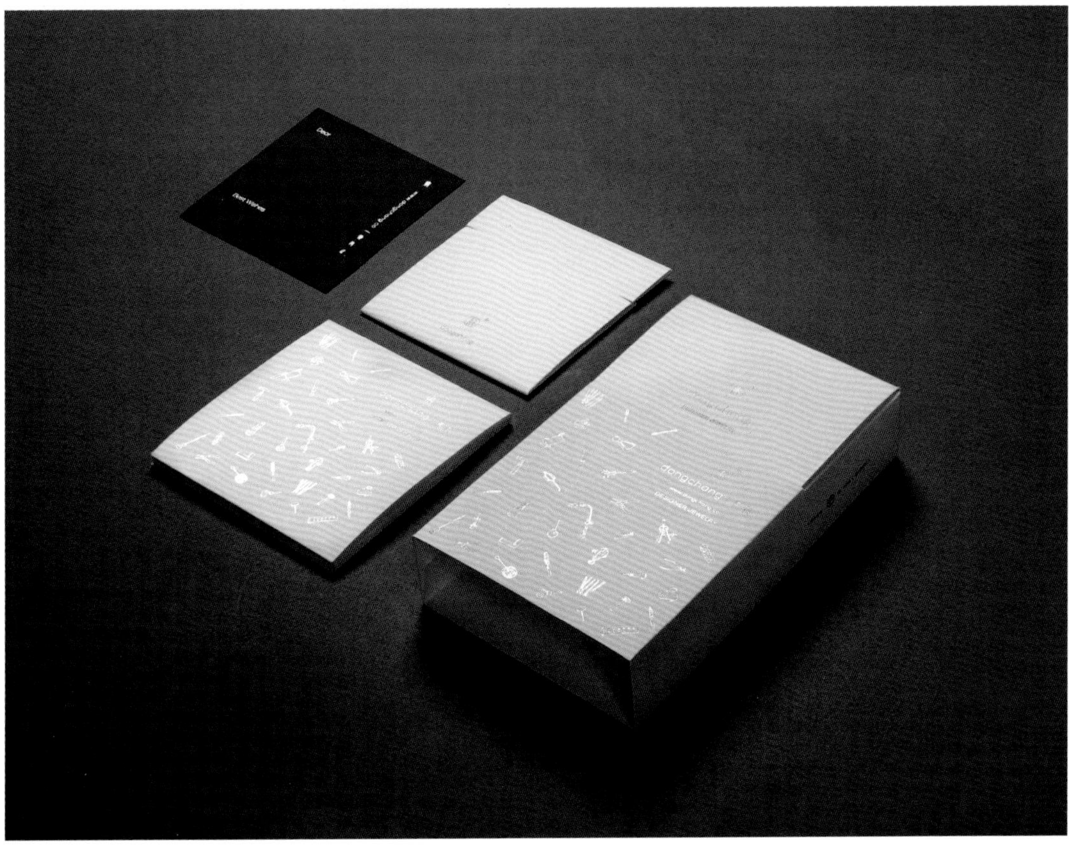
Dear
Best Wishes
dongchang

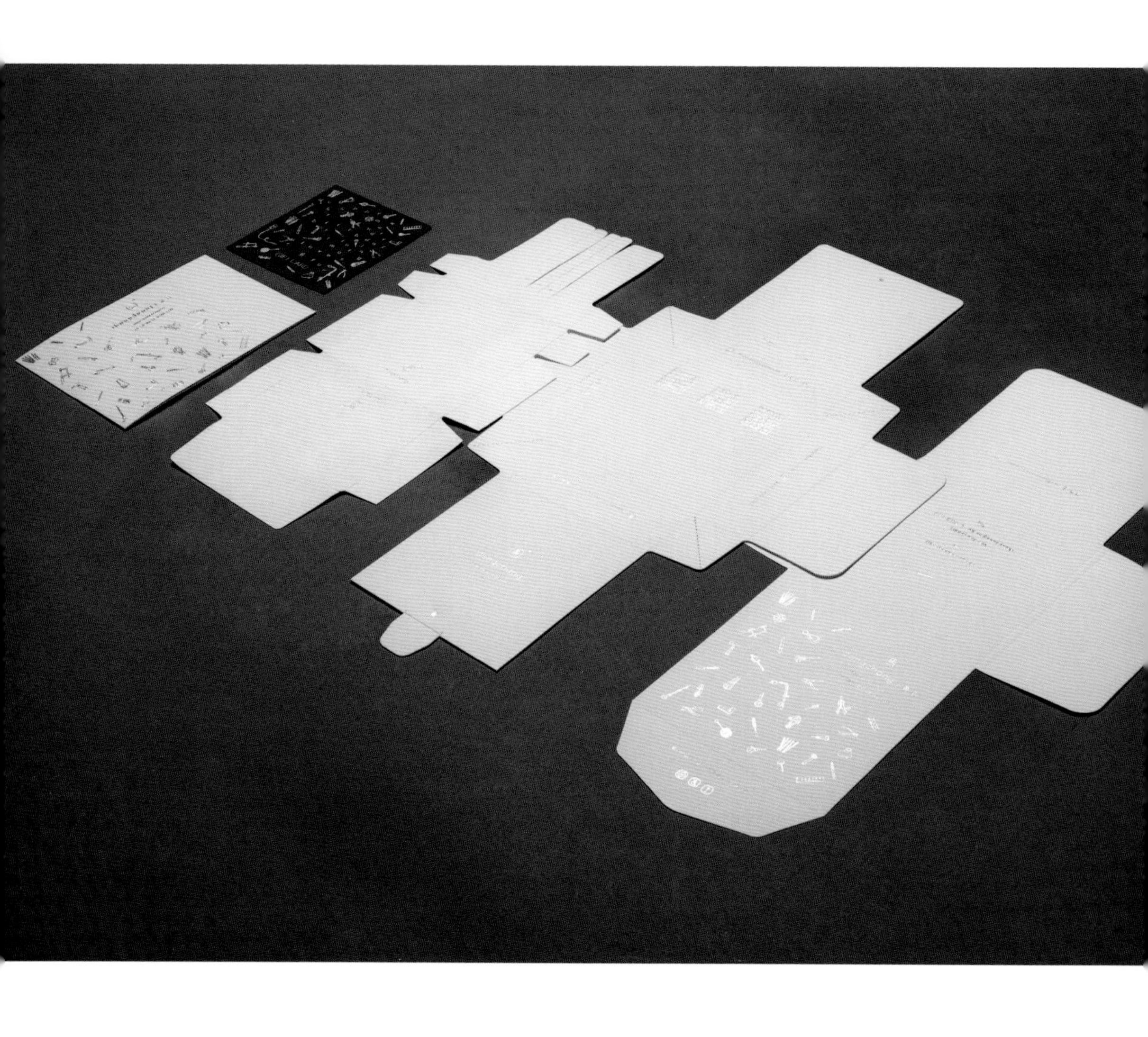

我们在寻找改变盒子的方法

设计机构：东长首饰工作室
摄影：东长设计

GIFT CARD

致谢

衷心感谢所有投稿本书的艺术家、设计师与设计机构，感谢所有参与本书设计与制作的工作人员、翻译人员及印务公司，如果没有他们的努力与贡献，本书也不会以一种优美的姿态呈现在读者面前。重视所有朋友提出的宝贵意见和建议，我们一定会更加努力，坚持不懈地追求完美，让每一本书都以高品质的面貌呈现。

加入我们

如果您想加入 DESIGNERBOOK 的后续项目及出版物，请将您的作品及信息提交至 edit@designerbooks.com.cn。